理工系の基礎数学
【新装版】

微分積分

理工系の基礎数学【新装版】

微分積分

CALCULUS

薩摩 順吉　Junkichi Satsuma

An Undergraduate Course
in Mathematics
for Science and Engineering

岩波書店

理工系数学の学び方

数学のみならず，すべての学問を学ぶ際に重要なのは，その分野に対する「興味」である．数学が苦手だという学生諸君が多いのは，学問としての数学の難しさもあろうが，むしろ自分自身の興味の対象が数学とどのように関連するかが見出せないからと思われる．また，「目的」が気になる学生諸君も多い．そのような人たちに対しては，理工学における発見と数学の間には，単に役立つという以上のものがあることを強調しておきたい．このことを諸君は将来，身をもって知るであろう．「結局は経験から独立した思考の産物である数学が，どうしてこんなに見事に事物に適合するのであろうか」とは，物理学者アインシュタインが自分の研究生活をふりかえって記した言葉である．

一方，数学はおもしろいのだがよく分からないという声もしばしば耳にする．まず大切なことは，どこまで「理解」し，どこが分からないかを自覚することである．すべてが分かっている人などはいないのであるから，安心して勉強をしてほしい．理解する速さは人により，また課題により大きく異なる．大学教育において求められているのは，理解の速さではなく，理解の深さにある．決められた時間内に問題を解くことも重要であるが，一生かかっても自分で何かを見出すという姿勢をじょじょに身につけていけばよい．

理工系数学を勉強する際のキーワードとして，「興味」，「目的」，「理解」を強調した．編者はこの観点から，理工系数学の基本的な課題を選び，「理工系の基礎数学」シリーズ全10巻を編纂した．

1. 微分積分
2. 線形代数
3. 常微分方程式
4. 偏微分方程式
5. 複素関数
6. フーリエ解析
7. 確率・統計
8. 数値計算
9. 群と表現
10. 微分・位相幾何

各巻の執筆者は数学専門の学者ではない．それぞれの専門分野での研究・教育の経験を生かし，読者の側に立って執筆することを申し合わせた．

　本シリーズは，理工系学部の1〜3年生を主な対象としている．岩波書店からすでに刊行されている「理工系の数学入門コース」よりは平均としてやや上のレベルにあるが，数学科以外の学生諸君が自力で読み進められるよう十分に配慮した．各巻はそれぞれ独立の課題を扱っているので，必ずしも上の順で読む必要はない．一方，各巻のつながりを知りたい読者も多いと思うので，一応の道しるべとして相互関係をイラストの形で示しておく．

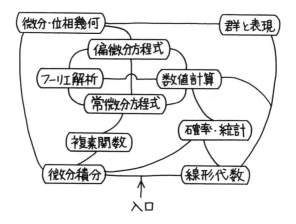

　自然科学や工学の多くの分野に数学がいろいろな形で使われるようになったことは，近代科学の発展の大きな特色である．この傾向は，社会科学や人文科学を含めて次世紀にもさらに続いていくであろう．そこでは，かつてのような純粋数学と応用数学といった区分や，応用数学という名のもとに考えられていた狭い特殊な体系は，もはや意味をもたなくなっている．とくにこの10年来の数学と物理学をはじめとする自然科学との結びつきは，予想だにしなかった純粋数学の諸分野までも深く巻きこみ，極めて広い前線において交流が本格化しようとしている．また工学と数学のかかわりも近年非常に活発となっている．コンピュータが実用化されて以降，工学で現われるさまざまなシステムについて，数学的な(とくに代数的な)構造がよく知られるようになった．そのため，これまで以上に広い範囲の数学が必要となってきているのである．

　このような流れを考慮して，本シリーズでは，『群と表現』と『微分・位相幾何』の巻を加えた．さらにいえば，解析学中心の理工系数学の教育において，代数と幾何学を現代的視点から取り入れたかったこともその1つの理由である．

　本シリーズでは，記述は簡潔明瞭にし，定義・定理・証明を羅列するようなスタイルはできるだけ避けた．とくに，概念の直観的理解ができるような説明を心がけた．理学・工学のための道具または言葉としての数学を重視し，興味をもって使いこなせるようにすることを第1の目標としたからである．歯ごたえのある部分もあるので一度では理解できない場合もあると思うが，気落ちすることなく何回も読み返してほしい．理解の手助けとして，また，応用面を探るために，各章末には演習問題を設けた．これらの解答は巻末に詳しく示されている．しかし，できるだけ自力で解くことが望ましい．

　本シリーズの執筆過程において，編者も原稿を読み，上にのべた観点から執筆者にさまざまなお願いをした．再三の書き直しをお願いしたこともある．執筆者相互の意見交換も活発に行われ，また岩波書店から絶えず示された見解も活用させてもらった．

　この「理工系の基礎数学」シリーズを征服して，数学に自信をもつようになり，より高度の数学に進む読者があらわれたとすれば，編者にとってこれ以上の喜びはない．

　　1995年12月

編者　吉川圭二

和達三樹

薩摩順吉

まえがき

本書は大学の初年次に学ぶ微分積分の教科書，および同じレベルの解析学を学ぼうとする人の参考書・自習書を目指して書かれたものである．

　数学は科学を語るための重要な言葉であるといわれている．実際，科学の進歩に数学の果した役割は大きい．微分積分学はその中で最たるものである．ニュートンにより物体の運動の考察が微分積分を用い行なわれて以降，さまざまな現象に解析的手法が適用されるようになる．その後，数学と物理を中心とする諸科学は一体となって発展していく．さまざまな数学的手法が諸科学の問題を解決するために開発されると同時に，それは数学自身の発展も促すことになる．しかし 20 世紀に入り，数学の抽象化・公理化がすすむとともに，数学と他の諸科学との距離が大きくなってしまう．数学の教育もその影響を受け，厳密性を重視する一方，実用的な内容が軽んじられる方向に変っていく．これまで数多くの微分積分学あるいは解析学の本が出版されているが，少なからぬ本が厳密性にこだわり過ぎるために記述が堅苦しいものになっている．

　このような事情をふまえ，本書では応用を十分に意識し，重要な点をできるだけ平易に書くよう心がけた．しかし，決して厳密性をおろそかにしたわけではない．初学者にとってわかりにくいとされている「実数の連続性」に関する内容はおもに最終章で取り扱い，はじめは基本事項を証明なしで述べている．なお，厳密性に深入りしたくない読者は 7-1 節を軽く読みとばしてもよい．

　また，数学を使うという立場から，偏微分方程式やベクトル解析など，ふつうの微分積分の本ではあまり含まれない内容も加えた．ともに連続的な量に対する結果を得るのに，離散的な見方から出発し，式の本質をわかりやすく理解するという工夫をこらした．このような視点がよかったかどうか，その評価はあくまで読者諸氏に委ねられている．皆様方のご批判を仰ぎたい．

　本書ではさらに応用上大切と思われる題材をできるだけ数多く盛り込むよう

努力したが，紙数の関係でいくつかの内容を割愛せざるを得なかった．たとえばコンピュータの数値計算に関わる部分はほとんど含めなかった．そうした部分については本シリーズ第8巻『数値計算』を参考にしていただきたい．

　微分積分学は線形代数同様，数学の基礎をなす重要な分野であり，それが大学初年次でまず学習する理由である．本書でまず土台を固めてから，本シリーズの他の巻で数学が拡がるさまを楽しんでほしい．なるほど数学はおもしろいと読者諸氏に感じていただければ，著者のもっとも喜びとするところである．

　最後に本書の執筆にあたって有益なコメントを頂戴した編者の吉川圭二氏，友人の矢野公一氏に感謝の意を表したい．また岩波書店の片山宏海，宮部信明の両氏からはたびたびの叱咤激励をいただいた．さまざまな理由で脱稿がたいへん遅れたけれども，今日何とか完成にこぎつけ得たのはひとえに両氏のおかげであると厚くお礼を申し上げたい．なお5年前の大手術を乗り越え今月還暦を迎えた姉陽子にこの本を捧げたい．

　　2001年1月

薩摩順吉

目　　次

理工系数学の学び方
まえがき

1　数と数列 · 1

1-1　さまざまな数　1
1-2　座標とベクトル　6
1-3　複素数と複素平面　13
1-4　数　列　15
第 1 章　演習問題　26

2　関　　数 · 27

2-1　関数の表現　27
2-2　さまざまな関数　31
2-3　関数の極限と連続　42
第 2 章　演習問題　49

3　微　　分 · 51

3-1　関数の微分　51
3-2　高階微分　59
3-3　微分の応用　61
3-4　テイラー展開　71
3-5　微分方程式　78
第 3 章　演習問題　82

4　積　　分 · 83

4-1　定積分　83
4-2　不定積分　90
4-3　広義積分　98

4–4 積分の応用　102
第 4 章　演習問題　107

5　多変数の関数 ······················109

5–1 偏微分と全微分　109
5–2 偏微分の応用　120
5–3 ベクトルの微分　128
5–4 偏微分方程式　137
第 5 章　演習問題　144

6　さまざまな積分 ·················145

6–1 多重積分　145
6–2 線積分と面積分　160
6–3 ベクトル場の積分　170
第 6 章　演習問題　181

7　級　　数 ························183

7–1 実数の連続性　183
7–2 級数の収束　193
7–3 関数列と関数級数　200
7–4 べき級数　206
第 7 章　演習問題　214

さらに勉強するために　215
演習問題解答　217
索　　引　225

1 数と数列

理工学で大切な事柄として，変化する量を測定すること，いくつかの変化する量の間の相互関係を明らかにすることがある．量を表現するためには数を用いる．どのような数があるのか，そしてそれらをどのように表現するのか．本章では今後の議論の基礎となる数についてまず見ていくことにする．

1-1 さまざまな数

自然数・整数・有理数　変化する量は基準となる量（単位量）との比較によって数で表すことができる．たとえば，1つの箱の中に球を入れるという操作を考えてみよう．箱の中に球をつぎつぎと入れていくとき，球1個を単位量として，箱の中の球の総数を1個，2個，3個，…と数える．単位量の2倍が2個，3倍が3個というわけである．この日常よく使う数$1, 2, 3, \cdots$を**自然数**（natural number）という．自然数全体は英語の頭文字をとって**N**で表す．

次に，箱から球を出し入れする操作を考えてみよう．最初箱には球が何個か入っていたとして，1個入れることを1または$+1$の数に対応させる．逆に1個とり出すことを-1という数に対応させる．また何も出し入れしないことを数0に対応させる．すると，箱の中の球の個数の変化は$0, \pm 1, \pm 2, \pm 3, \cdots$の数で表すことができる．このように自然数に$\pm$の符号をつけたものと0を合わ

せて**整数**(integer)という．プラスの符号をつけた $+1, +2, +3, \cdots$ は自然数と同じものであり，正の整数ともいう．それに対して，マイナスの符号をつけた $-1, -2, -3, \cdots$ は負の整数である．整数全体は $\mathbf{Z}$ という記号で表す．ちなみにドイツ語で数のことを Zahl という．

こんどは球が分割可能であるとしよう．1 個の球を半分に割ったものに $\dfrac{1}{2}$ という数を対応させる．また 1 個の球を 3 等分したものを 2 つ合わせたものには $\dfrac{2}{3}$ の数を対応させる．これらの数のように何倍かすると整数になる数を**分数**もしくは**有理数**(rational number)という．有理数全体は商の英語 quotient の頭文字をとって $\mathbf{Q}$ で表す．もちろん，$\mathbf{Q}$ には $\mathbf{Z}$ が含まれており，$\mathbf{Z}$ には $\mathbf{N}$ が含まれている．

四則演算　これまで名前をつけた整数，有理数について四則演算，和・差・積・商を考えてみよう．まず整数の場合，2 つの整数 m, n に対して和 $m+n$，差 $m-n$，積 $m \times n$ はやはり整数となる．しかし，商 $m \div n$ はたとえば $2 \div 3 = \dfrac{2}{3}$ のように必ずしも整数にならない．この事実を，整数全体 $\mathbf{Z}$ は四則演算に関して閉じていないという．

有理数の場合，まず 2 つの有理数 p, q を $p=n/m$，$q=n'/m'$ と整数を用いた分数の形で表しておく．すると，

$$p \pm q = \frac{n}{m} \pm \frac{n'}{m'} = \frac{nm' \pm mn'}{mm'}$$

$$p \times q = \frac{n}{m} \times \frac{n'}{m'} = \frac{nn'}{mm'}$$

$$p \div q = \frac{n}{m} \div \frac{n'}{m'} = \frac{nm'}{mn'}$$

であり，$q=0$ という例外的な場合を除いて，四則演算の結果はやはり有理数になる．これを有理数全体 $\mathbf{Q}$ は四則演算に関して閉じているという．

数直線　有理数を表すのに数直線というものを用意すると便利である．数直線は以下のようにして作る（図1-1）．まず直線上に基準の点（原点）をとり，数 0 に対応させる．次に原点の右側に 1 点をとり，その点を数 1 に対応させる．そして，0 と 1 の間の長さの 2 倍，3 倍，$\cdots$ となる点を直線上に目盛り，数 2, 3, $\cdots$ に対応させる．また，原点の左側にも同じように点を目盛り，数 $-1, -2,$

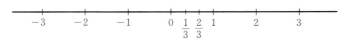

図 1-1 数直線

$-3, \cdots$ に対応させる．このようにすべての整数が目盛られている直線が数直線である．要するに，左右に無限に延びている物差しである．

この数直線上で，たとえば 0 と 1 に対応する点の間を 3 等分して 2 つの点を記入し，左側の点を有理数 $\dfrac{1}{3}$，右側の点を有理数 $\dfrac{2}{3}$ に対応させる．このような操作により，すべての有理数を数直線上の 1 点と対応させることができる．

実数　さて，このようにしてすべての有理数を数直線上の 1 点に対応させたとき，数直線は有理数で尽くされるであろうか．すなわち，数直線上のすべての点を有理数で表すことができるであろうか．

いま，2 つの有理数 p, q をそれぞれ数直線上の点 P, Q に対応させる．このとき PQ の中点は有理数 $(p+q)/2$ に対応することになる．このように次々と中点をとっていくと有理数に対応する点で数直線がすきまなく埋まると考えられるかもしれない．しかし，のちに詳しく述べる極限の概念を持ち込むときには，有理数だけでは不十分であることがわかる．

[例 1]　規則

$$a_{n+1} = \frac{a_n + 2}{a_n + 1}, \qquad a_1 = 1 \tag{1.1}$$

で定まる数の列 $a_1, a_2, a_3, \cdots$ において，n をどんどん大きくしていったとき a_n がどのような値に近づくかを調べる．

順次 $a_2, a_3, \cdots$ を計算していくと，$a_2 = 3/2$，$a_3 = 7/5$，$a_4 = 17/12$，$a_5 = 41/29$，$\cdots$ と有理数の列が得られ，それぞれ数直線上の 1 点と対応させることができる．ところで，n をどんどん大きくしていくと，図 1-2 のように a_n はある値に近づいていくことがわかる．その極限の値を a とすると，

$$a = \frac{a+2}{a+1}$$

が成り立つ．上式は $a^2 = 2$ と書きかえられ，解 $a = \pm\sqrt{2}$ をもつ．$a > 1$ であ

図 1-2 (1.1)の規則で決まる数の列

ることに気づくと，極限の値は $a=\sqrt{2}$ である． ▌

　このようにして得られた数 $\sqrt{2}$ は決して分数で表すことができない(演習問題1)．すなわち有理数ではないので，**無理数**(irrational number)とよばれる．

　この結果は，変化する量がある値に近づくという状況を考えるとき，有理数だけの世の中では閉じないことを示している．行きつく先は有理数の世界からはみ出しているのである．

　そこで，有理数と無理数を合せて**実数**(real number)とよび，実数で数直線が埋め尽くされていると考える．すなわち，実数の列をとったとき，その極限もやはり実数であるという「実数の連続性」が成り立っているとするのである．この性質を仮定するのが現代の解析学の出発点である．本書では第7章でその内容に立ち入ることにする．なお実数全体はやはり英語の頭文字をとって **R** と表す．

　小数　　有理数と無理数の違いは，小数を用いて説明することもできる．たとえば，有理数 $\dfrac{3}{4}$ は小数で書くと 0.75 となる．このように有限で切れている小数のことを**有限小数**という．また有理数 $\dfrac{2}{3}$ は小数で 0.666… と表されるが，この小数は小数第1位から6が繰り返し現れており，循環する無限小数または**循環小数**とよばれる．これらの例のように，有理数は必ず有限小数または循環小数で表すことができる．一方，無理数はたとえば $\sqrt{2} = 1.41421356…$ のようにどこまでいっても決して循環しない無限小数になる．

　ここで，小数の表し方について注意しておこう．ふつう小数は0から9までの10個の数字を用いて表しているので，**10進小数表示**という．一般に，用いる数字の個数 p を決めることによって **p進小数表示**も可能である．コンピュータでは通常2進小数表示が使われている．

　[例2]　10進小数表示で 85.3125 と書かれる数を2進小数表示で表す．

　与えられた数を2のべきで整理すると，

$$85.3125 = 2^6+2^4+2^2+2^0+\left(\frac{1}{2}\right)^2+\left(\frac{1}{2}\right)^4$$

となり，2進小数表示では 1010101.0101 と表される. ∎

実数の順序　　実数は有理数と同じく四則演算に関して閉じている．すなわち，0 による割り算を除くと，四則演算した結果は必ず実数になるのである．また，実数は数直線上の対応する位置によって一定の順序に並べることができる．もしくは，p 進小数表示を用いて大小の区別ができるといってもよい.

2つの実数 a, b について，数直線上の b に対応する点が a に対応する点の右側にあるとき，b は a より大きい，もしくは a は b より小さいといい，$a<b$ と書く．対応する点が同じ点となる場合も含むときは $a \leqq b$ と書く．とくに数 0 と比較して，$0<a$ となる数 a が正の数，$0>a$ となる数 a が負の数である.

2つの実数 a, b に対して，a より大きく b より小さい実数の全体を

$$(a, b) = \{x \mid a<x<b\}$$

と書き，a から b の**開区間**という．また，$x=a$, $x=b$ の点も含むときは

$$[a, b] = \{x \mid a \leqq x \leqq b\}$$

と書き，a から b の**閉区間**という．この記法を用いると，a を含み b を含まないとき，すなわち $a \leqq x<b$ を満たす実数全体は $[a, b)$ と表されることになる.

さて，2つの実数 a, b が $a<b$ を満たしているとき，$c=\frac{1}{2}(a+b)$ とすると，$a<c<b$ が成り立つ．これは数直線上どんなに近い点にある2つの実数をもってきても，その間には必ず別の実数があることを示している．この性質を**実数の稠密(dense)性**という.

この結果，ある負でない数 a が任意の小さな正数 ε に対して $a<\varepsilon$ を満たすとき，$a=0$ でなければならないことになる．なぜなら，もし $a>0$ とすると $a>c>0$ となる c が存在して，ε が任意の正数であるという仮定に反するからである.

ここで数学用語「任意の」について注意しておこう．これからもしばしば用いるが，上の「任意の小さな正数」というのは，正の数でいくらでも小さくとれるもののことをいう．同じように，任意の大きな数とは，いくらでも大きくとれる数のことをいう.

これまで，実数は連続であること，四則演算に関して閉じていること，大小関係があること，稠密であることを指摘してきた．以下で取り扱う数はとくに断わらない限り，すべて実数であり，いつもこのような性質を満たすと仮定することをあらかじめ注意しておきたい．

絶対値　実数 a に対して，絶対値 $|a|$ を

$$|a| = \begin{cases} a & (a \geqq 0 \text{ のとき}) \\ -a & (a < 0 \text{ のとき}) \end{cases} \tag{1.2}$$

で定義する．絶対値 $|a|$ は数直線上，原点と a に対応した点の距離に相当するものである．同じように考えて，2つの実数 a, b に対応した数直線上の点の距離は $|a-b|$ もしくは $|b-a|$ で表される．絶対値に対して，

$$|ab| = |a||b| \tag{1.3}$$

$$|a+b| \leqq |a| + |b| \tag{1.4}$$

$$|a-b| \geqq |a| - |b| \tag{1.5}$$

が成り立つ．(1.4)と(1.5)は3角形の辺の長さの間の関係を考えることにより示せる式であり，**3角不等式**とよばれている．

[例3]　$a = -2$，$b = 3$ のとき，$|a| = 2$，$|b| = 3$ である．また $|a+b| = |-2+3| = 1$，$|a-b| = |-2-3| = 5$ となり，たしかに(1.4), (1.5)が成り立つ．∎

1-2 座標とベクトル

座標軸と座標　これまで数を表すのに用いてきた数直線を**座標軸**ということもある．これは後で見るように，変化する量をグラフで表現する際によく用いられる言葉である．数直線を座標軸とよぶとき，数直線上の1点 P に対応する実数 x を点 P の**座標**という．原点 O の座標は 0 である（図1-3）．たとえば，まっすぐな線路を走っている列車を考えてみよう．線路を座標軸（X 軸），列車をその上の点とすると，列車の位置はその点に対応した座標 x で指定されるというわけである．

このように考えたとき，平面上を運動している点，たとえば海を航行してい

る船の位置を指定するには2つの座標軸を用意すればよいことになる．この場合，通常2つの垂直な座標軸，X軸とY軸を考える．そして，それぞれの座標軸方向の座標である2つの数の組(x, y)で位置を指定する（図1-4）．

同様に，空中を飛行している飛行機の位置のように，空間中の1点を表すには，たがいに垂直な3つの座標軸，X軸，Y軸，Z軸を用意し，座標である3つの数の組(x, y, z)を用いればよい（図1-5）．

なお，以上のように導入した平面や空間の点を表す座標系のことを**直角直線座標系**という．

ベクトル　　さまざまな量の中で，物体の質量や温度のように大きさだけをもつ量を**スカラー**（scalar）といい，力や速度のように大きさと方向をもつ量を**ベクトル**（vector）という．たとえば，このボールの質量は215gであるというように，スカラーは1つの実数で表すことができる．それに対してベクトルは，図1-4，1-5の矢印をつけた線分のように，原点Oを始点としてベクトルの大

図 1-3　座標軸と座標

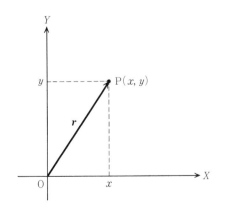

図 1-4　平面上の点と座標

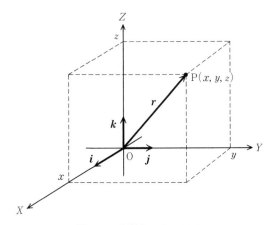

図 1-5 空間中の点と座標

きさを長さにとり，向きがベクトルの方向に一致する有向線分で表される．この有向線分をとくに**位置ベクトル**といい，太字でたとえば r と書く．

図 1-5 の場合，位置ベクトルは線分の終点の座標の値により，

$$r = \begin{pmatrix} x \\ y \\ z \end{pmatrix} \tag{1.6}$$

のように 3 つの数の組で表すことができる．これらの数を**ベクトルの成分**という．いま，2 つの位置ベクトルを

$$r_1 = \begin{pmatrix} x_1 \\ y_1 \\ z_1 \end{pmatrix}, \quad r_2 = \begin{pmatrix} x_2 \\ y_2 \\ z_2 \end{pmatrix} \tag{1.7}$$

としたとき，その和は

$$r_1 + r_2 = \begin{pmatrix} x_1 + x_2 \\ y_1 + y_2 \\ z_1 + z_2 \end{pmatrix} \tag{1.8}$$

で与えられる．また，r とスカラー λ との積は

$$\lambda r = \begin{pmatrix} \lambda x \\ \lambda y \\ \lambda z \end{pmatrix} \tag{1.9}$$

で与えられる．さらに空間中の位置ベクトルは図1-5に描かれた3つのベクトル（**単位ベクトル**），

$$i = \begin{pmatrix} 1 \\ 0 \\ 0 \end{pmatrix}, \quad j = \begin{pmatrix} 0 \\ 1 \\ 0 \end{pmatrix}, \quad k = \begin{pmatrix} 0 \\ 0 \\ 1 \end{pmatrix} \tag{1.10}$$

を用いて，

$$r = x i + y j + z k \tag{1.11}$$

と表すことができる．

なお，位置ベクトルに限らず，(1.8), (1.9)のような性質をもつ数の組を**数ベクトル**という．(1.6)の場合，3つの実数の組であるので**3次元数ベクトル**といい，その全体を**3次元数ベクトル空間**という．この空間は**R**³と表す．

スカラー積　2つの位置ベクトル(1.7)に対して，積 $r_1 \cdot r_2$ を

$$r_1 \cdot r_2 = x_1 x_2 + y_1 y_2 + z_1 z_2 \tag{1.12}$$

で定義し，**スカラー積**または**内積**という．スカラー積は積の順序を変えても値は変わらない．すなわち，$r_2 \cdot r_1 = r_1 \cdot r_2$ である．

位置ベクトル r の大きさはベクトルの終点の座標の2乗の和の平方根で与えられ，$|r|$ と書く．すなわち，

$$|r| = \sqrt{x^2 + y^2 + z^2} \tag{1.13}$$

この大きさは，スカラー積を用いて

$$|r| = \sqrt{r \cdot r} \tag{1.14}$$

と書くこともできる．(1.13)で，$y = z = 0$ とすると，$|r| = \sqrt{x^2}$ となる．これは(1.2)で定義した絶対値に他ならない．ベクトルの大きさは絶対値を自然に拡張したものなので，同じ記号を用いているのである．

位置ベクトル r_1, r_2 に対するスカラー積は

$$r_1 \cdot r_2 = |r_1| |r_2| \cos \theta \tag{1.15}$$

と表すこともできる．ただし，θ はベクトル r_1 と r_2 の間の角である（図1-6）．

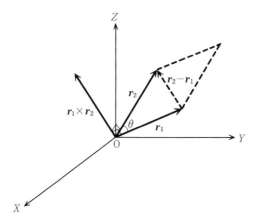

図1-6 スカラー積とベクトル積

上式と(1.12)が一致することをみるためには，ベクトル r_1, r_2 で作られる3角形に余弦定理を用いればよい．すなわち，

$$|r_1||r_2|\cos\theta = \frac{1}{2}(|r_1|^2 + |r_2|^2 - |r_2 - r_1|^2) \tag{1.16}$$

の右辺にベクトルの大きさを成分で表した式を代入すると，(1.12)の右辺と等しくなることがわかる．

位置ベクトル r_1, r_2 が直交しているときは，(1.15)から $r_1 \cdot r_2 = 0$ となる．また，以上の結果を(1.10)の単位ベクトルにあてはめると，

$$i \cdot i = j \cdot j = k \cdot k = 1 \tag{1.17}$$

$$i \cdot j = j \cdot k = k \cdot i = 0 \tag{1.18}$$

が成り立つことになる．

[例1] 2つの位置ベクトル

$$r_1 = \begin{pmatrix} 1 \\ 0 \\ -1 \end{pmatrix}, \qquad r_2 = \begin{pmatrix} 2 \\ -2 \\ 0 \end{pmatrix}$$

について，スカラー積および2つのベクトルのなす角度を求める．

(1.12)より，$r_1 \cdot r_2 = 1 \cdot 2 + 0 \cdot (-2) + (-1) \cdot 0 = 2$．また，(1.13)より $|r_1|$

$=\sqrt{1^2+0^2+1^2}=\sqrt{2}$, $|\boldsymbol{r}_2|=\sqrt{2^2+(-2)^2+0^2}=2\sqrt{2}$ となる．したがって(1.15)を用いて

$$\cos\theta = \frac{\boldsymbol{r}_1\cdot\boldsymbol{r}_2}{|\boldsymbol{r}_1||\boldsymbol{r}_2|} = \frac{2}{\sqrt{2}\cdot2\sqrt{2}} = \frac{1}{2}$$

となり，$\theta=\pi/3$ を得る． ▌

ベクトル積　　ベクトルの積には応用上重要なものがもう1つある．それは**ベクトル積**または**外積**とよばれ，ベクトル $\boldsymbol{r}_1,\boldsymbol{r}_2$ に対して $\boldsymbol{r}_1\times\boldsymbol{r}_2$ と書く．ベクトル積は次の3つの規則で定義される（図1-6参照）．

(1)　$\boldsymbol{r}_1\times\boldsymbol{r}_2$ は $\boldsymbol{r}_1,\boldsymbol{r}_2$ の両方に直交している．

(2)　$\boldsymbol{r}_1,\boldsymbol{r}_2,\boldsymbol{r}_1\times\boldsymbol{r}_2$ は右手系をなす．すなわち，3つのベクトルは図1-6のような位置関係にある．

(3)　$\boldsymbol{r}_1\times\boldsymbol{r}_2$ の大きさ $|\boldsymbol{r}_1\times\boldsymbol{r}_2|$ は $\boldsymbol{r}_1,\boldsymbol{r}_2$ が作る平行4辺形の面積に等しい．すなわち，

$$|\boldsymbol{r}_1\times\boldsymbol{r}_2| = |\boldsymbol{r}_1||\boldsymbol{r}_2|\sin\theta \tag{1.19}$$

ベクトル積の定義から，

$$\boldsymbol{r}_2\times\boldsymbol{r}_1 = -\boldsymbol{r}_1\times\boldsymbol{r}_2 \tag{1.20}$$

の成り立つことがわかる．このため，スカラー積と異なり，ベクトル積では積をとる順序に注意しなければならない．なお，(1.20)で $\boldsymbol{r}_1=\boldsymbol{r}_2=\boldsymbol{r}$ とすると

$$\boldsymbol{r}\times\boldsymbol{r} = 0 \tag{1.21}$$

となることもわかる．ただし，$\boldsymbol{0}$ はすべての成分が0の零ベクトルである．

(1.10)の単位ベクトルについて，

$$\boldsymbol{i}\times\boldsymbol{i} = \boldsymbol{j}\times\boldsymbol{j} = \boldsymbol{k}\times\boldsymbol{k} = 0 \tag{1.22}$$

$$\boldsymbol{i}\times\boldsymbol{j} = \boldsymbol{k}, \quad \boldsymbol{j}\times\boldsymbol{k} = \boldsymbol{i}, \quad \boldsymbol{k}\times\boldsymbol{i} = \boldsymbol{j} \tag{1.23}$$

が成り立つ．この性質を用いて，ベクトル積をベクトルの成分で表しておこう．(1.7)のベクトル $\boldsymbol{r}_1,\boldsymbol{r}_2$ を(1.11)のように書くと，

$$\boldsymbol{r}_1\times\boldsymbol{r}_2 = (x_1\boldsymbol{i}+y_1\boldsymbol{j}+z_1\boldsymbol{k})\times(x_2\boldsymbol{i}+y_2\boldsymbol{j}+z_2\boldsymbol{k})$$

となる．各項ごとに積を分解し，(1.22),(1.23)および積の順序を変えるとベクトル積の符号が変る性質を用いて，上式は

$$\boldsymbol{r}_1\times\boldsymbol{r}_2 = (y_1z_2-y_2z_1)\boldsymbol{i}+(z_1x_2-z_2x_1)\boldsymbol{j}+(x_1y_2-x_2y_1)\boldsymbol{k} \tag{1.24}$$

となることがわかる.

　[**例2**]　例1のベクトル r_1, r_2 について,ベクトル積 $r_1 \times r_2$ を求める.

　(1.24)にベクトルの成分を代入して

$$r_1 \times r_2 = (0-2)i + (-2-0)j + (-2-0)k$$
$$= -2i - 2j - 2k$$

を得る. ▌

　3つのベクトルのスカラー積とベクトル積を組み合わせて作った量

$$[r_1, r_2, r_3] = r_1 \cdot (r_2 \times r_3) \tag{1.25}$$

をスカラー3重積という.r_1, r_2, r_3 がこの順序で右手系をなしているとき,$[r_1, r_2, r_3] > 0$ であり,その大きさはこれらのベクトルを辺とする平行6面体の体積に等しい(図1-7および演習問題4を参照).

　平面上のベクトル　図1-4のような平面上の位置ベクトルは,線分の終点の座標の値により

$$r = \begin{pmatrix} x \\ y \end{pmatrix}$$

の2つの実数の組で表される.この数の組は2次元数ベクトルであり,その全体である2次元数ベクトル空間は $\mathbf{R}^2$ と表す.このベクトルに対しても,スカラー積,ベクトルの大きさは空間中の位置ベクトルの場合とまったく同様に定義される.すべて Z 方向の成分を0とすればよいのである.

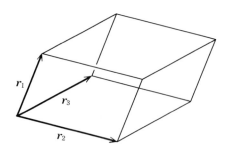

図1-7　スカラー3重積

1-3　複素数と複素平面

複素数　2次元数ベクトル, すなわち2つの実数の組 (x, y) に対して, 1
つの仮想的な数を対応させることができる. いま, 実数 x, y と $i^2 = -1$ となる
数 i を用いて

$$z = x + iy \tag{1.26}$$

と書かれる数を定義しよう. このような数 z を**複素数**(complex number)とい
う. (1.26)は $z = x + yi$ と書いてもよい. また, i を**虚数単位**, x を z の**実部**
(real part), y を z の**虚部**(imaginary part)という. 実部, 虚部はそれぞれ

$$x = \mathrm{Re}\, z, \quad y = \mathrm{Im}\, z$$

と書く. 複素数全体はやはり英語の頭文字をとって **C** と表す. 虚部が 0 の複
素数, すなわち $z = x + i0 = x$ は実数である. それに対して, 実部が 0 の複素
数 $z = 0 + iy = iy$ は純虚数という. $x = y = 0$ のとき, z は 0 である.

さて, 2つの複素数 $z_1 = x_1 + iy_1$, $z_2 = x_2 + iy_2$ に対して, 両者が等しいとい
うのは $x_1 = x_2$, $y_1 = y_2$ が成り立つこととする. また, 和と差を

$$z_1 \pm z_2 = (x_1 \pm x_2) + i(y_1 \pm y_2) \tag{1.27}$$

積を

$$z_1 z_2 = (x_1 x_2 - y_1 y_2) + i(x_1 y_2 + x_2 y_1) \tag{1.28}$$

商を

$$\frac{z_1}{z_2} = \frac{(x_1 x_2 + y_1 y_2) + i(x_2 y_1 - x_1 y_2)}{x_2{}^2 + y_2{}^2}, \quad \text{ただし } z_2 \neq 0 \tag{1.29}$$

で定義する. このとき, 複素数は実数と同じように四則演算で閉じていること
になる. なお, これらの式はすべて, $i^2 = -1$ であることを用いて実数の四則
演算の式から導かれるものである.

このような複素数を導入すると, 2つの実数の組をあたかも1つの数である
かのように取り扱えるという利点がある. それだけではない. 実数のみを考え
ているだけでは捉えにくい解析的な性質を抽出することが可能となるのである.
複素数の詳しい内容については本シリーズ第5巻『複素関数』で詳しく述べら

れているので，ここでは本書の議論で必要となる事項だけを簡単に説明してお
くことにする．

複素数 $z = x + iy$ に対して

$$z^* = x - iy \tag{1.30}$$

を z の共役複素数（complex conjugate）といい，英語の頭文字から z の c.c.
と書くこともある．また z の絶対値を

$$|z| = \sqrt{x^2 + y^2} \tag{1.31}$$

で定義する．上式は $|z| = \sqrt{zz^*}$ と書くこともできる．この絶対値は平面上の
位置ベクトルの大きさと同じものである．

[例1] $z^2 = i$ を満たす複素数 z とその絶対値を求める．

$z = x + iy$ を代入して，$x^2 - y^2 + i(2xy - 1) = 0$ を得る．したがって $x^2 - y^2 = 0$，$xy = \dfrac{1}{2}$．この方程式の解は $x = y = \pm\dfrac{\sqrt{2}}{2}$ で与えられるから，$z = \pm\dfrac{\sqrt{2}}{2}(1 + i)$ となる．絶対値は $|z| = \sqrt{x^2 + y^2} = 1$ である．∎

複素平面　複素数は2次元数ベクトルと対応しているから，平面上の1点
で表すことができる．複素数を表す平面はとくに**複素平面**または**複素数平面**と
いい，X 軸に実部 Re z の値，Y 軸に虚部 Im z の値をとる（図1-8）．また X
軸を**実軸**，Y 軸を**虚軸**ともいう．

複素数 z は極座標を用いて表すこともできる．**極座標**とは，平面上の点 P
を表すのに，x, y の代りに

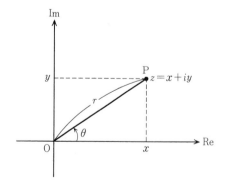

図1-8　複素平面と極座標

$$x = r\cos\theta, \qquad y = r\sin\theta \qquad (1.32)$$

で定義される r, θ を用いるものである. このとき, 原点 O を**極**, 線分 OP を点 P の**動径**という.

極座標を用いると, 複素数 z は

$$z = r(\cos\theta + i\sin\theta) \qquad (1.33)$$

と書くことができる. この表現を z の**極形式**という. この形式では, 共役複素数は

$$z^* = r(\cos\theta - i\sin\theta) \qquad (1.34)$$

と表される. また, r, θ と x, y は

$$r = |z| = \sqrt{x^2 + y^2} \qquad (1.35)$$

$$\tan\theta = \frac{y}{x} \qquad (1.36)$$

の関係にある. この θ を z の**偏角**(argument)といい, $\theta = \arg z$ と書く.

　[例2]　例1の複素数 $z = \dfrac{\sqrt{2}}{2}(1+i)$ を極形式で表す.

　例1の結果から $r = |z| = 1$ である. また, $\tan\theta = 1$ であり, この式を満たす θ の値は $\dfrac{\pi}{4} + 2n\pi\ (n = 0, \pm 1, \pm 2, \cdots)$ であるから,

$$z = \cos\left(\frac{1}{4} + 2n\right)\pi + i\sin\left(\frac{1}{4} + 2n\right)\pi$$

となる. ▌

　複素数を極形式で表したとき, r は1通りに決まるが, この例のように θ は 2π の整数倍の不定性をもつ. そこで, こうした不定性を避けるために, $0 \leqq \theta < 2\pi$ とか $-\pi \leqq \theta < \pi$ のように θ の値を制限することがある. 制限された偏角は不定性をもつ偏角と区別するために, $\theta = \mathrm{Arg}\, z$ と頭文字を大文字で書き, **主値**とよぶ.

1-4　数　　列

数列　　自然数 $1, 2, 3, \cdots$ に対応して数を順に並べた

$$a_1, a_2, \cdots, a_n, \cdots$$

を**数列**(sequence of numbers)または**無限数列**といい, $\{a_n\}$ と表す. また, 各

a_n を数列の**項**という. たとえば, 1-1 節例 1 の規則にしたがって得られた a_1 ＝1, a_2＝3/2, a_3＝7/5, … は 1 つの数列である.

代表的な数列の例を見ておこう.

[例 1] a_1＝1, a_2＝3, a_3＝5, …, a_n＝$2n-1$, …. 引き続く項の値の差はつねに 2 である. このように, 一般項が $a_n = a_0 + nd$ (a_0, d は定数) で与えられる数列を**等差数列**という. ▌

[例 2] a_1＝1, a_2＝$\dfrac{1}{2}$, a_3＝$\dfrac{1}{4}$, …, a_n＝$\dfrac{1}{2^{n-1}}$, …. 引き続く項の値の比はつねに $\dfrac{1}{2}$ である.

このように一般項が $a_n = a_0 r^n$ (a_0, r は定数) で与えられる数列を**等比数列**という. ▌

[例 3] a_1＝1, a_2＝$\dfrac{1}{2}$, a_3＝$\dfrac{1}{3}$, …, a_n＝$\dfrac{1}{n}$, …. この数列をとくに**調和数列**という. ▌

数列の和　1 つの数列 $\{a_n\}$ が与えられているとき,

$$S_N = \sum_{n=1}^{N} a_n = a_1 + a_2 + \cdots + a_N \tag{1.37}$$

を第 N 項までの**数列の和**という. たとえば例 1 の等差数列の場合

$$S_N = \sum_{n=1}^{N} a_n = \sum_{n=1}^{N} (2n-1) = 2 \cdot \frac{N(N+1)}{2} - N = N^2$$

と計算することができる. また例 2 の等比数列の場合には

$$S_N = \sum_{n=1}^{N} \frac{1}{2^{n-1}} = \frac{1 - \left(\dfrac{1}{2}\right)^N}{1 - \dfrac{1}{2}} = 2\left(1 - \frac{1}{2^N}\right)$$

となる. なお, 一般の数列について, いつもこのように和が具体的に計算できるわけでは決してない.

数列の和 S_N が与えられているとき, 逆に一般項は

$$a_n = S_n - S_{n-1} \tag{1.38}$$

で与えられる.

漸化式　以上の例では数列の各項が具体的に与えられているが, 1-1 節例 1 のように a_n に対する規則によって数列を定めることもある. たとえば本節

例1の場合は $a_{n+1}-a_n=2$, $a_1=1$ で各項が定まる．このような規則を**漸化式**(recursion relation)という．もしくは，とびとびの n の値に対する a_n の変化を表しているので**差分方程式**(difference equation)ということもある．

　　[**例4**]　漸化式 $a_{n+1}-a_n=n+1$, $n\geqq0$ で定まる数列の一般項 a_n を a_0 を用いて表す．

　　$a_1-a_0=1$, $a_2-a_1=2$, $\cdots$, $a_n-a_{n-1}=n$ を加えて，$a_n-a_0=1+2+\cdots+n=\frac{1}{2}n(n+1)$ を得る．したがって $a_n=a_0+\frac{1}{2}n(n+1)$. ■

　　[**例5**]　漸化式 $a_{n+1}-a_n=\alpha a_n$, $n\geqq0$（α は定数）で定まる数列の一般項 a_n を a_0 を用いて表す．

　　漸化式を書きかえると $a_{n+1}=(1+\alpha)a_n$ の等比数列になる．したがって $a_n=(1+\alpha)^n a_0$. ■

　これら2つの例は a_{n+1} と a_n の2項の関係式であるが，3項以上の関係式ももちろん考えることができる．

　　[**例6**]　漸化式 $a_{n+2}-5a_{n+1}+6a_n=0$, $n\geqq0$ で定まる数列の一般項を a_0, a_1 を用いて表す．ただし，a_0, a_1 は同時に0ではないとする．

　一般項を求める1つの方法として次のようなものがある．いま $a_n=\lambda^n$（λ は定数）と仮定して漸化式に代入すると，$\lambda^n(\lambda-2)(\lambda-3)=0$ が得られる．もし，$\lambda^n=0$ とすると $a_0=a_1=0$ となり条件に反する．したがって $\lambda=2,3$ の2つの場合がある．すなわち $a_n=2^n, 3^n$ の2つの解が，漸化式そのものを満たしていることになる．

　さて漸化式は a_n, a_{n+1}, a_{n+2} について1次の式のみから成り立っている．このような性質を**線形性**(linearity)という．もしくは漸化式を**線形方程式**といってもよい．線形方程式は解の重ね合せが成り立つ．すなわち，上の2つの解をそれぞれ定数倍して加えたもの（**線形結合**という）も解となるのである．このことは c_1, c_2 を定数として，$a_n=2^n c_1+3^n c_2$ を直接漸化式に代入して確かめることができる．

　こうして構成した解で定数 c_1, c_2 を

$$a_0=c_1+c_2, \quad a_1=2c_1+3c_2$$

となるようにすれば，a_0, a_1 が与えられたときの一般項が得られることになる．

計算をした結果は

$$a_n = 2^n(3a_0 - a_1) - 3^n(2a_0 - a_1)$$

である. ∎

収束と発散　数列 $\{a_n\}$ において n をどんどん大きくしたとき a_n が一定の数 a に近づくことを

$$\lim_{n\to\infty} a_n = a \quad または \quad a_n \to a \ (n\to\infty) \quad または \quad a_n \xrightarrow[n\to\infty]{} a \qquad (1.39)$$

と書き, $\{a_n\}$ は極限値 a に**収束する**(converge)という. 記号 lim は極限(limit)を意味している. 例2の等比数列の第 n 項 $a_n = 1/2^{n-1}$ は n を大きくすると 0 に近づくので $\lim_{n\to\infty} a_n = 0$, または $a_n \to 0 \ (n\to\infty)$ と表される.

　数列が一定の値に収束しないときは**発散する**(diverge)という. たとえば等比数列の一般形で $a_0 = 1$, $r = -1$ の場合, すなわち $a_n = (-1)^n$ を考えてみよう. n を大きくすると値は有限であるけれども, 定まったものとならないので $\{a_n\}$ は発散していることになる. また例1の等差数列 $a_n = 2n - 1$ の場合, n を大きくすると値はいくらでも大きくなるのでやはり発散している. この状況を

$$\lim_{n\to\infty} a_n = \infty \quad または \quad a_n \to \infty \ (n\to\infty) \quad または \quad a_n \xrightarrow[n\to\infty]{} \infty \qquad (1.40)$$

と書き, **正の無限大に発散する**という. 同じように $a_n = -n$ で与えられる等差数列では, n を大きくしたとき, 負の値で $|a_n|$ がいくらでも大きくなるので,

$$\lim_{n\to\infty} a_n = -\infty \qquad (1.41)$$

と書き, **負の無限大に発散する**という.

　なお, 正負の無限大 ∞, $-\infty$ は実数でないことに注意しよう. 非常に大きな数というわけでなく, あくまで極限を考える際に役立つ記号に過ぎないのである.

級数　数列 $\{a_n\}$ が与えられたとき, その第 N 項までの和,

$$S_N = \sum_{n=1}^{N} a_n = a_1 + a_2 + \cdots + a_N \tag{1.42}$$

についても極限を考えることができる．たとえば例1の等差数列の場合 $S_N = N^2$ であるから，$\lim_{N \to \infty} S_N = \infty$ である．また例2の等比数列の場合には，$S_N = 2\left(1 - \dfrac{1}{2^N}\right)$ であり，$\lim_{N \to \infty} S_N = 2$ となる．

　一般に無限数列 $a_1, a_2, a_3, \cdots$ を＋の記号でつなげたもの

$$\sum_{n=1}^{\infty} a_n = a_1 + a_2 + a_3 + \cdots \tag{1.43}$$

を**級数**(series)もしくは**無限級数**という．級数を考えるときには数列の和 S_N を**部分和**ともいう．

　数列の場合と同様，部分和からなる数列 $S_1, S_2, \cdots$ が収束するとき，級数(1.43)は収束するといい，その極限値 S を**級数の和**という．収束しない級数は発散するという．例2の等比数列から作られる級数(とくに等比級数という)は収束する例であり，級数の和 S は2である．また例1の等差数列から作られる級数は発散する例である．さらに，$a_n = (-1)^n$ で与えられる級数，すなわち

$$\sum_{n=1}^{\infty} (-1)^n = (-1) + 1 + (-1) + \cdots$$

はやはり発散する級数である．なお，一般の級数が収束するか発散するかについては第7章で詳しく調べることにする．

　有界性　　すべての n について $a_n \leqq b$ となる実数 b が存在するとき，数列 $\{a_n\}$ は**上に有界**であるという．また b を**上界**(upper bound)という．同様に，すべての n について $c \leqq a_n$ となる実数 c が存在するときは**下に有界**であるといい，c を下界(lower bound)という．さらにすべての n に対して $c \leqq a_n \leqq b$ が成り立つとき，$\{a_n\}$ は単に**有界**(bounded)という．

　たとえば，例1の等差数列 $a_n = 2n - 1$ は $1 \leqq a_n$ を満たしているので下に有界であるが，上には有界ではない．また，$1, 0.5, 0$ などが下界となる．例3の調和数列 $a_n = 1/n$ は $0 < a_n \leqq 1$ を満たしており有界である．この場合0や -1 などが下界，1や2などが上界となる．

最大・最小　有限個の数の集合(A と書く)の中でもっとも大きなものを**最大**(maximum)といい，max A と表す．またもっとも小さいものを**最小**(minimum)といい，min A と表す．たとえば $A = \{0, 1, 2, 3\}$ のとき，max A =3，min A =0 である．

数列のように無限の数の集合に対しても同様に最大，最小を考えることができる．たとえば例1の数列の最小は1である．しかし最大は存在しない．また例3の数列の最大は1である．それでは最小はどうであろうか．n をどんどん大きくしていったとき，a_n は0に近づくが0に等しくなることはない．したがって最小は存在しないのである．

単調性　数列 $\{a_n\}$ について，すべての n に対して $a_n \leqq a_{n+1}$ が成り立つとき**単調増加**，$a_n \geqq a_{n+1}$ が成り立つとき**単調減少**であるという．また，$a_n < a_{n+1}$ のときは**強い意味で単調増加**，$a_n > a_{n+1}$ のときは**強い意味で単調減少**であるという．たとえば，例1の等差数列は強い意味で単調増加，例2の等比数列は強い意味で単調減少である．

有界な単調数列　さて，(1.39)で書かれる数列の収束に関連して，1-1 節で触れた実数の連続性から導かれる次の命題がある．

命題 1-1　有界な単調増加(減少)数列は収束する．

この命題は，図1-2のように，数直線上に数列の各項の値を記入していけば直観的に理解することができる．しかし，数学的に証明しようとすると厳密な仮定が必要となる．それが実数の連続性であり，証明の詳細はやはり第7章で示すことにする．ここでは，この命題を用いて収束を示すことができる応用上重要な数列の例を考えておくことにしよう．

例題 1-1　第 n 項が $a_n = \left(1 + \dfrac{1}{n}\right)^n$ で与えられる数列は収束することを示せ．

[解]　まず，単調増加であることを示す．2項定理

$$(a+b)^n = \sum_{r=0}^{n} \binom{n}{r} a^{n-r} b^r \tag{1.44}$$

を思い起こそう．ただし，$\binom{n}{r}$ は2項係数であり，

$$\binom{n}{r} = \frac{n(n-1)(n-2)\cdots(n-r+1)}{r!} \tag{1.45}$$

で与えられる．なお2項係数は $_nC_r$ と書くこともある．この式を用いると

$$a_n = \left(1+\frac{1}{n}\right)^n$$

$$= 1+n\cdot\frac{1}{n}+\frac{n(n-1)}{2!}\frac{1}{n^2}+\cdots+\frac{n(n-1)(n-2)\cdots(n-r+1)}{r!}\frac{1}{n^r}$$

$$+\cdots+\frac{n(n-1)(n-2)\cdots2\cdot1}{n!}\frac{1}{n^n}$$

$$= 1+1+\frac{1}{2!}\left(1-\frac{1}{n}\right)+\cdots+\frac{1}{r!}\left(1-\frac{1}{n}\right)\left(1-\frac{2}{n}\right)\cdots\left(1-\frac{r-1}{n}\right)+$$

$$\cdots+\frac{1}{n!}\left(1-\frac{1}{n}\right)\left(1-\frac{2}{n}\right)\cdots\left(1-\frac{n-1}{n}\right) \tag{1.46}$$

と書かれる．同様の式を a_{n+1} について書き下すと，まず項の数が a_n より増えることがわかる．さらに，たとえば a_{n+1} を展開したときの第3項は $\frac{1}{2!}\left(1-\frac{1}{n+1}\right)$ となり，(1.46)の第3項とくらべて大きくなっていることもわかる．よって，$a_n < a_{n+1}$ となる．すべての n に対してこの関係が成立するので，$\{a_n\}$ は強い意味で単調増加である．

次に有界であることを示す．$r \geqq 2$ のとき，

$$\frac{1}{r!}\left(1-\frac{1}{n}\right)\left(1-\frac{2}{n}\right)\cdots\left(1-\frac{r-1}{n}\right) < \frac{1}{r!} = \frac{1}{1\cdot2\cdot3\cdot\cdots\cdot r} \leqq \frac{1}{2^{r-1}}$$

となることに気づこう．すると等比数列の和の公式を用いて，

$$a_n < 1+1+\frac{1}{2}+\frac{1}{2^2}+\cdots+\frac{1}{2^{n-1}} = 1+\frac{1-\dfrac{1}{2^n}}{1-\dfrac{1}{2}} = 3-\frac{1}{2^{n-1}} < 3$$

を得る．すなわち $\{a_n\}$ は上に有界である．したがって，命題1-1より $\{a_n\}$ は収束する．∎

この数列の極限を e と書き，**自然対数の底**または**ネピア(Napier)数**という．すなわち自然対数の底は

$$e = \lim_{n\to\infty}\left(1+\frac{1}{n}\right)^n \tag{1.47}$$

である．また e は 2.71828… の値をとる無理数である．

ε-δ法　　ところで，数列の収束を数学的に取り扱う際，lim や → の記号だけでは不十分なことがよくある．なぜならこれらの記号は単なる標識にすぎないといってもよいからである．そこで，n をどんどん大きくするとか，○○に近づくといった内容を，数学的に厳密かつ処理しやすい形で表現しようというのが ε-δ（イプシロン-デルタ）法である．具体例でその考え方を見てみよう．

例 3 の調和数列は 0 に収束し，（1.39）の表現で $\lim_{n\to\infty} a_n = 0$ と表される．これは，どんなに小さな数を与えても，n が十分大きいとき $|a_n-0|$ をその数より小さくできるといいかえてもよい．いま，その小さな数を ε と書くことにする．n を大きくしたとき $|a_n-0|<\varepsilon$ にできるというわけである．たとえば ε＝0.001 としよう．例 3 の場合

$$|a_n-0| = \frac{1}{n} < 0.001 = \frac{1}{1000}$$

であるから，$n>1000$ のとき不等式が成り立つ．すなわち番号 N をたとえば 1001 ととると，$n\geqq N$ のとき $|a_n-0|<\varepsilon$ とできることになる．この論理はどんな ε についても適用できる．任意に小さな ε を与えたとき，$\frac{1}{n}<\varepsilon$ が成り立つような番号 n をとれば，すなわち $\frac{1}{\varepsilon}<N$ として $n\geqq N$ を満たす n を選べば，必ず $|a_n-0|<\varepsilon$ とできるのである．ε は任意に小さくとれるという点がみそである．

以上を整理して，数列の収束の定義をつぎの形で表現する．

任意の正の数 ε に対して，ある番号 N が存在し，$n\geqq N$ ならば $|a_n-a|<\varepsilon$ となるとき，数列 $\{a_n\}$ は収束して極限値 a をもつ．

なお，この定義の文章を論理記号を用いて以下の簡潔な形で書くことがある．

$$^\forall \varepsilon > 0,\ ^\exists N \quad \text{s.t.} \quad n\geqq N \Longrightarrow |a_n-a|<\varepsilon \tag{1.48}$$

ここで，∀ はすべての（all），∃ は存在する（exist）を意味し，s.t. は ~ のような（such that）の省略形である．慣れれば，省力化がはかれる便利な表現であり，数学の講義ではよく用いられている．なお，（1.48）中 $n\geqq N$ は $n>N$ としてもかまわない．論理は何ら変ることはない．

また，（1.40）のように数列が無限大に発散する場合にも同様の論理を用いて，

つぎのように定義することができる.

任意の正の数 M に対して，ある番号 N が存在して，$n \geqq N$ ならば $a_n > M$ となるとき，数列 $\{a_n\}$ は正の無限大に発散する.

n が十分大きければ，どんな大きな数 M よりも a_n は大きくなるというわけである. やはり論理記号を用いると，この定義は

$$\forall M > 0, \ \exists N \quad \text{s.t.} \quad n \geqq N \Longrightarrow a_n > M \tag{1.49}$$

と書くことができる.

数列の基本的性質　　ここで ε-δ 法を用いて示すことのできる数列の収束に関する基本的な性質をあげておこう.

（1）　数列の極限が存在するとき，それはただ1つに限る.

（2）　収束する数列は有界である.

（3）　$\displaystyle\lim_{n\to\infty} a_n = a$, $\displaystyle\lim_{n\to\infty} b_n = b$, かつ α が定数のとき

$$\lim_{n\to\infty} \alpha a_n = \alpha a$$
$$\lim_{n\to\infty} (a_n \pm b_n) = a \pm b$$
$$\lim_{n\to\infty} a_n b_n = ab$$
$$\lim_{n\to\infty} \frac{a_n}{b_n} = \frac{a}{b} \quad (\text{ただし } b \neq 0, \ b_n \neq 0)$$

（4）　$\displaystyle\lim_{n\to\infty} a_n = a$, $\displaystyle\lim_{n\to\infty} b_n = b$, かつ大きな n に対して，$a_n \geqq b_n$ が成立するとき，$a \geqq b$ である.

例題 1-2　　上の性質のうち(4)を示せ.

［解］　背理法を用いる. 数列 $\{a_n\}$, $\{b_n\}$ の収束は

$$\forall \varepsilon > 0, \ \exists n_0 \quad \text{s.t.} \quad n \geqq n_0 \Longrightarrow |a_n - a| < \varepsilon$$
$$\forall \varepsilon > 0, \ \exists m_0 \quad \text{s.t.} \quad n \geqq m_0 \Longrightarrow |b_n - b| < \varepsilon$$

と表される. なお収束の条件 $|a_n - a| < \varepsilon$, $|b_n - b| < \varepsilon$ はそれぞれ $-\varepsilon < a_n - a < \varepsilon$, $-\varepsilon < b_n - b < \varepsilon$ と同値である.

いま，$a < b$ と仮定すると，適当な正数 ε に対して $b = a + 2\varepsilon$ と書くことができる. n が n_0, m_0 のどちらよりも大きいとき，収束の条件より

$$a_n < a + \varepsilon = b - \varepsilon < b_n$$

となり，数列の基本的性質に与えられている条件に反する．したがって $a \geqq b$ でなければならない． ▌

やはり，任意の正数 ε をうまく選ぶところがみそである．

上であげた性質は直観的にはほとんど明白なものであるだろう．しかし数学的に厳密に示そうとするときに ε-δ 法はきわめて有効なものになる．さらに，こうして得られる性質が，具体的に与えられた数列の極限を考える際の基本ともなるのである．

例題 1-3 数列 $\{a_n\}$ に対して $|a_{n+1}| = k_n |a_n|$ としたとき，

$$0 \leqq \lim_{n \to \infty} k_n = k < 1$$

が成り立てば，$\lim_{n \to \infty} a_n = 0$ となることを示せ．

［解］ 数列 $\{k_n\}$ の収束条件は

$${}^{\forall}\varepsilon > 0, \ {}^{\exists}N \ \ \text{s.t.} \ \ n \geqq N \Longrightarrow |k_n - k| < \varepsilon$$

と書くことができる．この式から，ε を十分小さくとると，$n \geqq N$ のとき

$$k_n < k + \varepsilon < 1$$

となり，

$$|a_{N+1}| = k_N |a_N| \leqq (k+\varepsilon)|a_N|$$
$$|a_{N+2}| = k_{N+1}|a_{N+1}| \leqq (k+\varepsilon)^2 |a_N|$$
$$\cdots\cdots\cdots\cdots$$
$$|a_{N+m}| = k_{N+m-1}|a_{N+m-1}| \leqq (k+\varepsilon)^m |a_N|$$

が得られる．ただし，$\leqq$ の等号は $a_N = a_{N+1} = \cdots = 0$ の場合を考慮したものである．$m \to \infty$ のとき $(k+\varepsilon)^m \to 0$ となるから，$\displaystyle\lim_{n \to \infty} a_n = 0$ である． ▌

注意 この例題において $a_n = x^n/n!$ としたとき，

$$k_n = \frac{|a_{n+1}|}{|a_n|} = \frac{|x|}{n+1} \xrightarrow[n \to \infty]{} 0$$

となり，$\displaystyle\lim_{n \to \infty} a_n = 0$ を得る．この結果は n を増加させていったとき，n の階乗はどんなに大きな数 x の n 乗よりも速く大きくなることを示している．

はさみうちの原理　　もう1つ数列の収束の判定によく用いられる性質を見ておこう.

例題 1-4　$\lim_{n\to\infty} a_n = \lim_{n\to\infty} b_n = a$, かつ大きな n に対して $a_n \leqq c_n \leqq b_n$ が成り立つとき, $\lim_{n\to\infty} c_n = a$ も成り立つことを示せ.

［解］　収束条件はこれまで同様

$$^\forall \varepsilon > 0, \ ^\exists N \ \text{s.t.} \ n \geqq N \Longrightarrow |a_n - a| < \varepsilon \ \text{かつ} \ |b_n - a| < \varepsilon$$

と表される. a_n, b_n に対する不等式と c_n に対する条件を組み合わせて, $n \geqq N$ のとき

$$a - \varepsilon < a_n \leqq c_n \leqq b_n < a + \varepsilon$$

となり, これから $|c_n - a| < \varepsilon$ を得る. ▮

この性質は, たとえば $n \to \infty$ のとき 0 に近づく $a_n = \dfrac{1}{n^3}$, $b_n = \dfrac{1}{n}$ に対して, それらにはさまれた $c_n = \dfrac{1}{n^2}$ も同じ極限値に近づくことを示しており, **はさみうちの原理**ということもある.

第1章　演習問題

[1] $\sqrt{2}$ は無理数であることを証明せよ.

[2] 3進小数表示で 210210.02 と表されている数を 10 進小数表示で表せ.

[3] ベクトル $a=2i+3j+4k$, $b=2i-j+k$ に対して, 大きさ $|a|$, $|b|$, スカラー積 $a\cdot b$, ベクトル積 $a\times b$ を求めよ.

[4] 3つのベクトル r_1, r_2, r_3 に対するスカラー3重積 $[r_1, r_2, r_3]$ の大きさが, これらのベクトルを辺とする平行6面体の体積に等しいことを示せ.

[5] 複素数 $\dfrac{i}{1-i}$ を極形式で表せ.

[6] 漸化式 $a_{n+2}-2a_{n+1}+3a_n=0$, $n\geqq 0$ で定まる数列の一般項 a_n を a_0, a_1 を用いて表せ. ただし, a_0, a_1 は同時には 0 でないとする.

[7] $\displaystyle\lim_{n\to\infty} a_n=a$ のとき,

$$\lim_{n\to\infty}\frac{a_1+a_2+\cdots+a_n}{n}=a$$

であることを証明せよ.

[8] 一般項が

$$a_n=\frac{3n-1}{2n+1}$$

で与えられる数列が, 単調増加であること, 有界であることを示し, その極限値を求めよ.

[9] 正の数 x に対して, $\displaystyle\lim_{n\to\infty}\sqrt[n]{x}=1$ となることを示せ.

2 関　数

変化する量の相互関係を式で表す際に用いられるのが関数である．観測や実験で得られたデータを法則としてまとめるとき，関数は不可欠なものとなる．なぜなら，関数によって法則の妥当性が検証できるだけでなく，法則の一般化，新しい現象の予測などが可能となるからである．

2-1　関数の表現

関数　変化する2つの量を x, y で表し，両者が互いに関係しているとする．すなわち，x を与えるとそれに応じて y の値が定まるとする．このとき，y は x の**関数**(function)であるといい，

$$y = f(x) \tag{2.1}$$

もしくは

$$f : x \longrightarrow y \tag{2.2}$$

と書く．本書ではもっぱら(2.1)の表現を用いる．

数 x, y は，変化していることを意識して，**変数**(variable)という．2つの変数を区別したいときには，x によって y の値が決っているので，x を**独立変数**，y を**従属変数**という．また独立変数 x がとりうる値の範囲を**定義域**または**変域**といい，従属変数 y がとりうる値の範囲を**値域**という．

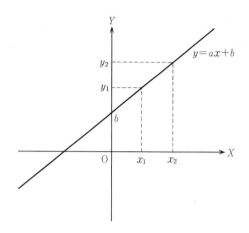

図 2-1 1次関数

　簡単な関数の例を見てみよう．$f(x)$ が x の1次式で与えられる

$$y = ax + b \tag{2.3}$$

を1次関数という．ただし，$a\,(\neq 0), b$ は定数である．とくに $b = 0$ のとき，(2.3)は x と y が正比例の関係にあることを示している．

　関数は XY 平面上でのグラフに描くことによって視覚的に捉えやすくなる．1次関数のグラフは図 2-1 のように1本の直線である．係数 a は直線の傾き，b は y 切片になっている．

　(2.3)で x が x_1 から x_2 まで変化したときの増分 $x_2 - x_1$ を $\varDelta x$ と書き，対応する y の増分 $y_2 - y_1$ を $\varDelta y$ と書くと，

$$\frac{\varDelta y}{\varDelta x} = a \tag{2.4}$$

が成り立つ．これは y の x に対する変化率がつねに一定であることを示している．1次関数の式を，運動している物体のすすんだ距離 y とかかった時間 x の関係とみたときには，一定の速さで運動している状態を表すことになる．

　つぎに $f(x)$ が x の2次式で与えられている場合を考える．そのような関数

$$y = ax^2 + bx + c \qquad (a \neq 0) \tag{2.5}$$

を2次関数という．図 2-2 は $a = -1$，$b = c = 0$ の簡単な場合をグラフで示したものである．この曲線はボールを投げたときのボールの軌道と同じになって

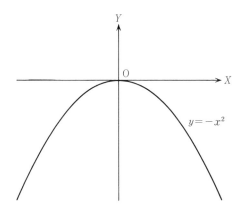

$y=-x^2$

図 2-2　2 次関数

いるので，とくに**放物線**とよぶ．また，図の曲線は上に盛りあがっているので，$y=-x^2$は**上に凸**もしくは**下に凹**な関数という．このように名付けると，$y=x^2$は下に凸な関数ということになる．

　逆関数　　関数$y=f(x)$に対して変数xとyの役割を入れ替えた関数を$y=f^{-1}(x)$と書き，**逆関数**という．たとえば関数$y=f(x)=x^2$は$x=\pm\sqrt{y}$と書き直され，xとyを入れ替えることにより，逆関数$y=f^{-1}(x)=\pm\sqrt{x}$が得られる．ただし，逆関数の定義域は$x\geqq0$であることに注意しよう．

　ところで，1次関数$y=ax+b$，2次関数$y=ax^2+bx+c$とも，xの1つの値に対してyの値がただ1つ定まっている．このような関数を**1価関数**という．それに対して，xの1つの値にいくつかのyの値が定まるとき，その関数を**多価関数**という．たとえば，すぐ上で扱った$y=x^2$の逆関数$y=\pm\sqrt{x}$は，$x>0$の範囲でxの1つの値に2つのyの値が定まるので多価関数である．この場合とくに2つの値が定まっており，その数を明示して**2価関数**ともいう．

　単調性　　1-4節で数列に関連して単調という性質を定義した．関数についても同じことが行なえる．ある区間で，$x_1<x_2$を満たすどんなx_1,x_2に対してもつねに$f(x_1)<f(x_2)$が成り立っているとき，関数$y=f(x)$はその区間において**強い意味で単調増加**であるという．また$f(x_1)\leqq f(x_2)$が成り立つときは単に**単調増加**であるという．同様に$f(x_1)>f(x_2)$のとき，関数$y=f(x)$は**強**

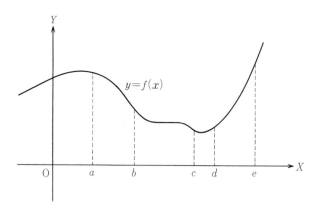

図 2-3　単調減少と単調増加

い意味で**単調減少**, $f(x_1) \geqq f(x_2)$ のときは単に**単調減少**という. たとえば図 2-3 で与えられている関数 $y=f(x)$ は $a \leqq x \leqq b$ において強い意味で単調減少, $a \leqq x \leqq c$ で単調減少, $d \leqq x \leqq e$ において強い意味で単調増加になっている.

　ある区間において強い意味で単調増加または単調減少の関数は, その区間で 1 つの x の値が 1 つの y の値に対応する. すなわち x と y の値が 1 対 1 に対応するので, 逆関数は必ず 1 価関数になっていることを注意しておこう.

　陰関数　　2 つの変数の関数関係を表すのに, いつも (2.1) の形で表す必要はなく,

$$F(x, y) = 0 \tag{2.6}$$

と表すこともある. たとえば (2.3) は

$$F(x, y) = y - ax - b = 0$$

と書けるわけである. このような形で表される関数を**陰関数**(implicit function)という. 陰関数と対比するとき, (2.1) の形の関数を**陽関数**(explicit function)という.

2-2 さまざまな関数

前節で例示した1次関数，2次関数とも，たとえば物体の運動と関連している
ように，応用上重要な関数である．他にも理工学の応用上よく用いられる関数
がいくつかある．この節ではそれらのうち代表的なものをあげておくことにし
よう．

多項式　　関数 $y=f(x)$ が

$$y = a_0 x^n + a_1 x^{n-1} + \cdots + a_{n-1}x + a_n \qquad (a_0 \neq 0) \qquad (2.7)$$

で与えられるとき，n 次の**多項式**(polynomial)もしくは**有理整関数**(rational
integral function)という．1次関数，2次関数はこの関数の簡単な場合になっ
ている．多項式を特徴的に表している関数として

$$y = x^n \qquad (n=1,2,3,\cdots) \qquad (2.8)$$

がある．(2.8)で n を変えて，区間 $-1 \leqq x \leqq 1$ でグラフを描くと図2-4のよう
になる．n が増加するにつれて，$x=1$ の近くで急に立ち上がる様子が見てと
れる．

　n が偶数のとき，$f(x)=x^n$ は $f(x)=f(-x)$ の関係を満たしている．これは
(2.8)が Y 軸に関して対称な曲線であることを示しており，とくに**偶**(even)
関数という．逆に n が奇数のときは $f(x)=-f(-x)$ の関係があり，(2.8)は
原点に関して対称な曲線となる．この性質をもつ関数を**奇**(odd)**関数**という．

有理関数　　2つの多項式の比で表される関数

$$y = \frac{a_0 x^n + a_1 x^{n-1} + \cdots + a_n}{b_0 x^m + b_1 x^{m-1} + \cdots + b_m} \qquad (2.9)$$

を**有理関数**(rational function)という．多項式は有理関数で分母が定数になっ
ている特別な場合であるといってよい．

　有理関数のうちで簡単なものに

$$y = \frac{1}{x} \qquad (2.10)$$

がある．関数(2.10)は図2-5のような曲線で表され，x と y が反比例の関係に

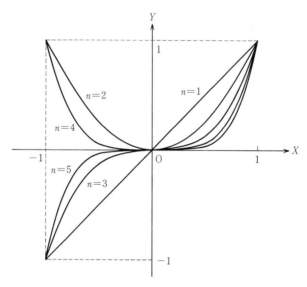

図 2-4　$y = x^n$ のグラフ

あることを示している．この曲線を**双曲線**という．双曲線は $|x|$ が大きくなると，限りなく X 軸に近づく．また $|x|$ が小さくなると，限りなく Y 軸に近づく．このような直線，すなわち Y 軸，X 軸を双曲線の**漸近線**という．

　代数関数　　関数 $R_0(x), R_1(x), \cdots, R_n(x)$ を x の多項式としたとき，陰関数

$$F(x, y) = R_n(x)y^n + R_{n-1}(x)y^{n-1} + \cdots + R_0(x) = 0 \qquad (2.11)$$

で定まる関数 $y = f(x)$ を**代数関数**（algebraic function）という．多項式や有理関数は代数関数に含まれている．

　たとえば $y = x^2$ の逆関数 $y = \pm\sqrt{x}$ は陰関数の形で

$$y^2 - x = 0 \qquad (2.12)$$

と書かれる代数関数の一例であり，有理関数ではないので**無理関数**とよぶことがある．有理関数でない代数関数の別の例を見ておこう．

　[例1]　関数 $F(x, y) = x^2 + y^2 - 1 = 0$ は $y = (x \text{ の多項式}/x \text{ の多項式})$ と書けないので有理関数ではない．この関数をグラフで描くと，図2-6のように原点を中心とした半径1の円を表す．この円をとくに**単位円**という．∎

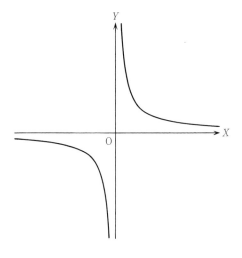

図 2-5　$y = \dfrac{1}{x}$
のグラフ

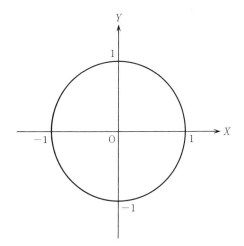

図 2-6　$y^2 + x^2 - 1 = 0$
のグラフ

　指数関数　　代数関数以外の関数を**超越関数**という．もっとも代表的なもの
が**指数関数**（exponential function）である．指数関数は a を 1 と異なる正数と
して，

$$y = a^x \tag{2.13}$$

で与えられる．数 a を強調したいときは，a を底とする指数関数ということも

ある．また x を**指数**という．

指数関数(2.13)は x が自然数 n のとき，

$$a^x = a^n = \underbrace{a \cdot a \cdots \cdot a}_{n \text{ 個}}$$

で定義する．また $x=0$ のときは，$a^0 = 1$ とする．つぎに，正の有理数 $x = \dfrac{m}{n}$ （m, n は自然数）に対しては，

$$a^{nx} = a^m = \underbrace{a^{\frac{m}{n}} \cdot a^{\frac{m}{n}} \cdots \cdot a^{\frac{m}{n}}}_{n \text{ 個}}$$

を満たす正数 $a^{\frac{m}{n}}$ として定義する．さらに，x が無理数のときは，1-1 節例 1 のように x に近づく有理数の列 $x_1, x_2, \cdots, x_n, \cdots$ をとり，n を大きくしたとき a^{x_n} が近づく先として a^x を定義する．また負の数 x に対しては $a^x = 1/a^{-x}$ と定義する．以上の結果，すべての実数 x に対して a^x が定義されることになる．このような定義の下で 2 つの実数 x, y について

$$a^{x+y} = a^x a^y \tag{2.14}$$

$$a^{xy} = (a^x)^y \tag{2.15}$$

の関係式も成立する．

いくつかの a（>1）に対して指数関数を描いたのが図 2-7 である．グラフから，$a > 1$ のとき指数関数は強い意味で単調増加関数であることがわかる．グラフで示してはいないが，$0 < a < 1$ のとき指数関数は強い意味で単調減少な関数である．

a の値を 1 から少しずつ大きくしていくと，ある a の値のとき $x=0$ で $y = a^x$ に接する直線，すなわち接線の傾きがちょうど 1 になるものの存在することがわかる．じつはそのときの a の値は 1-4 節で導入した自然対数の底 e に等しい（その理由については 3-1 節で述べる）．ふつう指数関数というときには，

$$y = e^x \tag{2.16}$$

を指すことが多い．本書でもとくにことわりがないかぎりそのように扱うことにする．

指数関数(2.16)で x を $i\theta$（θ は実数）としたものを

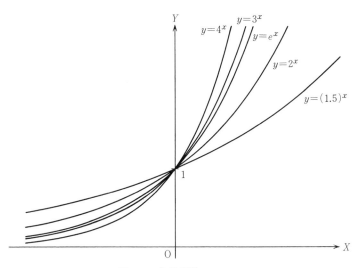

図 2-7　指数関数のグラフ

$$e^{i\theta} = \cos\theta + i\sin\theta \tag{2.17}$$

で定義し，**オイラー**(Euler)**の公式**という．この記号を導入すると，複素数 z の極形式(1.33)は

$$z = re^{i\theta} \tag{2.18}$$

で書けることになる．

　[**例2**]　1-3 節の複素数 $z = \dfrac{\sqrt{2}}{2}(1+i)$ は(2.18)の極形式で表すと，$z = e^{(1/4+2n)\pi i}$ となる．▌

　双曲線関数　　指数関数を用いて，

$$y = \cosh x = \frac{1}{2}(e^x + e^{-x}) \tag{2.19}$$

$$y = \sinh x = \frac{1}{2}(e^x - e^{-x}) \tag{2.20}$$

$$y = \tanh x = \frac{\sinh x}{\cosh x} = \frac{e^x - e^{-x}}{e^x + e^{-x}} \tag{2.21}$$

で定義される関数を**双曲線関数**(hyperbolic function)という．たとえば

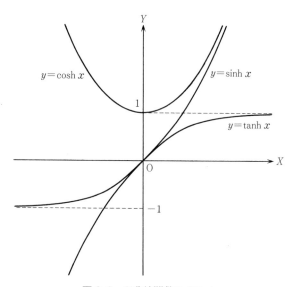

図 2-8　双曲線関数のグラフ

$\sinh x$ はハイパボリックサインエクスと読む. 図2-8は双曲線関数の概形を示している. このうち, $y=\cosh x$ は鎖を両端で支えてつるしたときの形を表しており, **懸垂線**ともいう.

なお, (2.19)〜(2.21)の逆数となっている双曲線関数として,

$$\text{sech}\,x = \frac{1}{\cosh x}, \quad \text{cosech}\,x = \frac{1}{\sinh x}, \quad \coth x = \frac{1}{\tanh x} \tag{2.22}$$

がある.

　[例3]　双曲線関数について,

$$\cosh^2 x - \sinh^2 x = 1 \tag{2.23}$$

$$\tanh^2 x + \text{sech}^2 x = 1 \tag{2.24}$$

が成り立つことを示す.

　(2.19), (2.20)を(2.23)の左辺に代入すると

$$\left(\frac{e^x + e^{-x}}{2}\right)^2 - \left(\frac{e^x - e^{-x}}{2}\right)^2 = \frac{1}{2} + \frac{1}{2} = 1$$

となり，与式が成立する．（2.23）の両辺を $\cosh^2 x$ で割って移項した式が（2.24）である． ▌

対数関数　指数関数 $y=a^x$ の逆関数，すなわち $x=a^y$ を y について解いた関数を**対数関数**（logarithmic function）という．対数関数は

$$y = \log_a x \tag{2.25}$$

と書き，a を底とする x の対数という言い方もする．とくに，$a=10$ を底とする対数を**常用対数**，$a=e$ を底とする対数を**自然対数**という．自然対数は $y=\log x$ のように底を明示しないで表したり，自然（natural）の頭文字をとって $y=\ln x$ と表したりする．本書では後者の $\ln x$ を採用することにする．

なお，a を底とする対数は自然対数を用いて

$$\log_a x = \frac{\ln x}{\ln a} \tag{2.26}$$

と表すことができる．

先に述べたように，指数関数は強い意味で単調な関数であるので，逆関数である対数関数は1価関数となる．図2-9は $y=\ln x$ のグラフである．x が大きくなるにつれて y はゆるやかに増加するのが対数関数の特徴である．

三角関数　1-2節で2つのベクトルの間の角 θ について $\cos\theta$，$\sin\theta$ の記

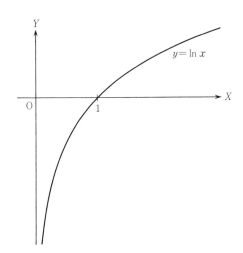

図 2-9　対数関数のグラフ

号を使った．また，1-3節で複素平面上の点を表すのにも同じ記号を用いた．
これらの記号を θ に関する関数とみたのが**三角関数**(trigonometric function)
である．ここでは，あらためて関数としての $\cos\theta$, $\sin\theta$ を定義しておこう．

　図2-10に描いた単位円において，x 軸上正の部分から出発して，正の向き
（反時計回り）に角 θ だけまわった半直線が単位円と交わる点を $P(x, y)$ とする．
このとき，x, y を θ の関数と考えて，

$$x = \cos\theta, \quad y = \sin\theta \tag{2.27}$$

と定義し，前者を**余弦関数**，後者を**正弦関数**という．半直線が図の位置から n
周回転する，すなわち θ が $2n\pi$ 増加すると，交点はやはり点 P となるので，

$$\cos(\theta+2n\pi) = \cos\theta, \quad \sin(\theta+2n\pi) = \sin\theta \tag{2.28}$$

が成立する．

　一般に，関数 $f(x)$ がすべての x について

$$f(x+L) = f(x) \qquad (L \text{ は } 0 \text{ でない定数}) \tag{2.29}$$

を満足しているとき，$f(x)$ は**周期関数**(periodic function)であるといい，L
を**周期**という．上の結果は $\cos\theta$, $\sin\theta$ が，ともに θ について周期 2π の周期
関数になっていることを示している．

　ここで，三角関数の変数をとり替えて

$$y = \cos x, \quad y = \sin x \tag{2.30}$$

と書いておこう．この変数に対して三角関数のグラフは図2-11のようになる．
図からわかるように，$y = \cos x$ のグラフを $\dfrac{\pi}{2}$ だけ右にずらすと $y = \sin x$ に重
なる．すなわち

$$\cos\left(x-\frac{\pi}{2}\right) = \sin x \tag{2.31}$$

が成立している．同様に，

$$\sin\left(x-\frac{\pi}{2}\right) = -\cos x \tag{2.32}$$

も成り立つ．また図2-10より

$$\cos^2 x + \sin^2 x = 1 \tag{2.33}$$

の関係も成り立つことがわかる．

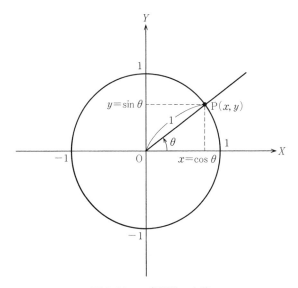

図 2-10 三角関数の定義

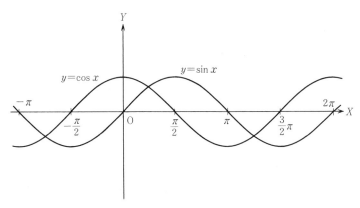

図 2-11 $y = \cos x$ と $y = \sin x$ のグラフ

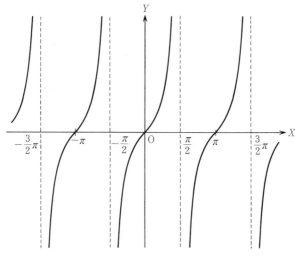

図 2-12 $y = \tan x$ のグラフ

以上のように定義した $\sin x$ と $\cos x$ の比をとったものを $\tan x$ と表し，**正接関数**という．この関数

$$y = \tan x \tag{2.34}$$

のグラフは図 2-12 のようになり，周期 π の周期関数であることがわかる．

なお，(2.30),(2.34)の逆数になっている三角関数として，

$$\sec x = \frac{1}{\cos x}, \quad \mathrm{cosec}\, x = \frac{1}{\sin x}, \quad \cot x = \frac{1}{\tan x} \tag{2.35}$$

がある．

単位円を用いた定義からわかるように，三角関数は回転運動などの周期的な変化が起る現象に対して不可欠な関数である．

　逆三角関数　　三角関数の逆関数を**逆三角関数**（inverse trigonometric function）という．たとえば，$y = \sin x$ の逆関数を

$$y = \sin^{-1}x \quad \text{または} \quad y = \arcsin x \tag{2.36}$$

と書き，アークサインエクスと読む．(2.36)の第 1 の表現 $\sin^{-1}x$ は決して $1/\sin x$ を意味しないことに注意しよう．同様に，$y = \cos x$ の逆関数は

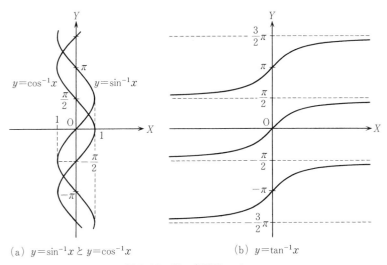

（a）$y=\sin^{-1}x$ と $y=\cos^{-1}x$　　　　　（b）$y=\tan^{-1}x$

図 2-13　逆三角関数のグラフ

$$y = \cos^{-1}x \quad \text{または} \quad y = \arccos x \tag{2.37}$$

$y=\tan x$ の逆関数は

$$y = \tan^{-1}x \quad \text{または} \quad y = \arctan x \tag{2.38}$$

である．図 2-13 はそれぞれの関数のグラフを示している．

　三角関数との関係から，たとえば $y=\sin^{-1}x$ は定義域が $-1\leqq x\leqq1$ で，1つ の x の値に対して無限個の y の値が対応していることがわかる．すなわち，y $=\sin^{-1}x$ は多価関数である．同じく，$y=\cos^{-1}x$，$y=\tan^{-1}x$ も多価関数であ る．しかし，1-3 節の例 2 で述べたのと同様，y のとる値，すなわち値域を制 限することにより，関数を 1 価なものとすることができる．たとえば $y=$ $\cos^{-1}x$ の場合，値域を $0\leqq y\leqq\pi$ とすればよいわけである．この値域を $\cos^{-1}x$ の**主値**といい，前と同様このように制限した逆三角関数を

$$y = \text{Cos}^{-1}x \quad \text{または} \quad y = \text{Arccos } x \tag{2.39}$$

のように頭文字を大文字にして表す．

　［例 4］　$y=\cos^{-1}\dfrac{1}{2}$ を満たす y の値を求める．

　逆関数の定義より $\cos y = \dfrac{1}{2}$ となる y を考えればよい．解は $y=\pm\dfrac{\pi}{3}+2n\pi$

（n は整数）である．値域を $0 \leq y \leq \pi$ と制限すると，すなわち $y=\mathrm{Cos}^{-1}\dfrac{1}{2}$ とすれば，$y=\dfrac{\pi}{3}$ のみが解となる．▌

その他の関数　これまであげた関数はすべて初等関数とよばれるものである．また e^x や $\sin x$ のように代数関数以外の初等関数は，とくに**初等超越関数**とよばれている．もちろん，関数は以上のようなものだけにとどまらない．たとえば，第4章で取り扱う積分で表される

$$\Gamma(s) = \int_0^\infty e^{-x}x^{s-1}dx \tag{2.40}$$

という関数もある．この関数は**特殊関数**とよばれる関数の族の1つで**ガンマ関数**と名付けられている．さまざまな特殊関数が理工学の応用上現れるが，それらの関数の性質については本シリーズの第3巻『常微分方程式』や第5巻『複素関数』で詳しく取り扱われる．

2-3　関数の極限と連続

関数の極限　数列 $\{a_n\}$ の極限においては，n を増やしていったときの行きつく先が問題であった．それに対して関数 $f(x)$ の極限は，数直線上 x を一定な数 a に限りなく近づけていったときに $f(x)$ の値がどうなるかを問題とする．関数値がただ1つの値 A に限りなく近づくことを $f(x)$ は A に**収束する**といい，

$$\lim_{x \to a} f(x) = A \quad \text{または} \quad f(x) \longrightarrow A \ (x \to a) \tag{2.41}$$

と表す．

数直線上 x が a に近づく際，左と右からの2つの方向があることに注意しよう．左から近づくことをはっきりさせたいときには，$\lim\limits_{x \to a-0} f(x)$ または $\lim\limits_{x \uparrow a} f(x)$ と書き，**左極限**という．また右からの場合は $\lim\limits_{x \to a+0} f(x)$ または $\lim\limits_{x \downarrow a} f(x)$ と書き，**右極限**という．一般的に収束を問題にするときは，これらの2つの極限が同じ値になる場合を考える．

[例1]　三角関数 $\sin x$ は $x \to \dfrac{\pi}{2}$ のとき限りなく $\sin\dfrac{\pi}{2}=1$ に近づく．左右

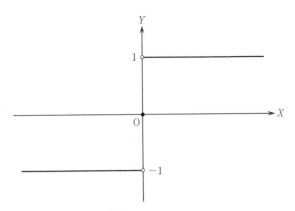

図2-14 符号関数 $y = \mathrm{sgn}\,x$ のグラフ

どちらから近づいても同じであり，$\lim\limits_{x \to \pi/2} \sin x = 1.$ ∎

[例2] 符号関数 $\mathrm{sgn}\,x$ は図2-14のように

$$\mathrm{sgn}\,x = \begin{cases} 1 & (x>0 \text{ のとき}) \\ 0 & (x=0 \text{ のとき}) \\ -1 & (x<0 \text{ のとき}) \end{cases} \tag{2.42}$$

で与えられる．この関数に対して $x=0$ における左右の極限は異なり，

$$\lim_{x \to 0-0} \mathrm{sgn}\,x = -1, \quad \lim_{x \to 0+0} \mathrm{sgn}\,x = 1 \quad \blacksquare$$

[例3] 関数 $\sin\dfrac{1}{x}$ について $x \to 0$ の極限を考える．区間 $\dfrac{1}{2(n+1)\pi} \leqq x \leqq \dfrac{1}{2n\pi}$，すなわち $2n\pi \leqq \dfrac{1}{x} \leqq 2(n+1)\pi$ をとり $n \to \infty$ とすると，$-1 \leqq c \leqq 1$ を満たすどんな c に対しても $\sin\dfrac{1}{x} = c$ となる x が存在する．したがって $\sin\dfrac{1}{x}$ は収束しない．∎

変数 x の絶対値が限りなく大きくなる場合の極限は，正の無限大に対して $\lim\limits_{x \to \infty} f(x)$，負の無限大に対して $\lim\limits_{x \to -\infty} f(x)$ と表す．

[例4] 指数関数 e^x に対して，$\lim\limits_{x \to -\infty} e^x = 0.$ ∎

また，x が一定の数 a に近づくとき，関数 $f(x)$ の絶対値が限りなく大きく

なる場合，正の無限大に対して $\lim\limits_{x \to a} f(x) = \infty$，負の無限大に対して $\lim\limits_{x \to a} f(x) = -\infty$ と表す．もちろん一定の数 a の代りに ∞，$-\infty$ を用いる場合もある．

　[例5]　三角関数 $\tan x$ に対して，$\lim\limits_{x \to \frac{\pi}{2}-0} \tan x = \infty$，$\lim\limits_{x \to \frac{\pi}{2}+0} \tan x = -\infty$（図2.12 参照）．∎

　[例6]　指数関数 e^x に対して $\lim\limits_{x \to \infty} e^x = \infty$．∎

　注意　第1章で示した数列の極限の式(1.47)は，自然数 n の代りに実数 x を用いて関数の極限としてよい．すなわち，

$$\lim_{x \to \infty} \left(1 + \frac{1}{x}\right)^x = e \tag{2.43}$$

なぜなら，x として $n \le x \le n+1$ をとれば

$$\left(1 + \frac{1}{n+1}\right)^n < \left(1 + \frac{1}{x}\right)^x < \left(1 + \frac{1}{n}\right)^{n+1}$$

つまり，

$$\left(1 + \frac{1}{n+1}\right)^{n+1} \left(1 + \frac{1}{n+1}\right)^{-1} < \left(1 + \frac{1}{x}\right)^x < \left(1 + \frac{1}{n}\right)^n \left(1 + \frac{1}{n}\right)$$

を得る．この不等式で $x \to \infty$ のとき $n \to \infty$ であり，左辺・右辺ともに e に近づくからである．

　関数の極限に対する ε-δ 法　　数列の極限と同様，関数の極限を数学的に厳密に表現するには ε-δ 法を用いる．この場合，自然数 n の代りに連続的に変化する実数 x を用いるので，極限の定義は次のように書きかえられる．

　任意の正数 ε に対して，ある正数 δ が存在し，$0 < |x-a| < \delta$ ならば $|f(x)-b| < \varepsilon$ となるとき，$f(x)$ は収束して極限値 b をもつ．

　この定義は論理記号を用いて

$$^\forall \varepsilon > 0,\ ^\exists \delta > 0 \quad \text{s.t.} \quad 0 < |x-a| < \delta \Longrightarrow |f(x)-b| < \varepsilon \tag{2.44}$$

と書くこともできる．どんなに小さな ε を考えても，$|f(x)-b| < \varepsilon$ が成り立つ δ をとることができればよいというのが論理のポイントであり，ε-δ 法という名前の由来はこの極限の定義にある．

　例題 2-1　ε-δ 法を用いて，$\lim\limits_{x \to 1} x^2 = 1$ を厳密に示せ．

［解］ $0<|x-1|<\delta$ のとき

$$0 < |x^2-1| = |x-1||x-1+2| \leqq |x-1|(|x-1|+2) < \delta^2+2\delta$$

を得る．したがって ε を与えたとき，$\delta^2+2\delta<\varepsilon$ を満たすような δ がとれればよい．この不等式は正数 δ に対して，$\delta<\sqrt{1+\varepsilon}-1$ を与え，確かにそのような δ が選べるので極限の式が成立する． ∎

やはり数列の場合と同様，次の性質が成り立つ．

$\lim\limits_{x\to a} f(x)=A$, $\lim\limits_{x\to a} g(x)=B$ かつ α が定数のとき，

$$\lim_{x\to a} \alpha f(x) = \alpha A$$
$$\lim_{x\to a} \{f(x)\pm g(x)\} = A\pm B$$
$$\lim_{x\to a} f(x)g(x) = AB$$
$$\lim_{x\to a} \frac{f(x)}{g(x)} = \frac{A}{B} \quad (\text{ただし } B\neq 0)$$

例題 2-2 以下の極限を求めよ．

$$(1) \quad \lim_{x\to 3} \frac{x+1}{x^2+3} \qquad (2) \quad \lim_{x\to 0} \frac{e^x+1}{\cos x}$$

［解］ 上記の性質を用いればよい．

$$(1) \quad \frac{3+1}{3^2+3} = \frac{4}{12} = \frac{1}{3}, \quad (2) \quad \frac{e^0+1}{\cos 0} = \frac{1+1}{1} = 2 \quad ∎$$

関数の極限の結びとして，応用上重要な極限を 1 つ掲げておこう．

［例 7］ 三角関数 $\sin x$ に対して

$$\lim_{x\to 0} \frac{\sin x}{x} = 1 \tag{2.45}$$

証明は幾何的に行なうことができる．図 2-15 のように，単位円とその上の線分を考える．線分 PQ は P 点における円の接線である．図 2-15 より

△OPR の面積 $<$ 扇形 OPR の面積 $<$ △OPQ の面積

が成り立つ．これらの面積を ∠POR（$=x$）で表すと，

$$\frac{1}{2}\sin x < \frac{1}{2}x < \frac{1}{2}\tan x$$

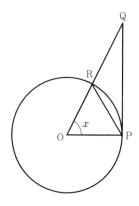

図 2-15　面積の比較

の不等式が得られる（ただし，$0 < x < \dfrac{\pi}{2}$ である）．上式より

$$\cos x < \frac{\sin x}{x} < 1$$

となり，$x \to 0$ の極限で $\cos x \to 1$ となることから(2.45)を得る．■

　　関数の連続　　極限の考え方は，関数の1つの性質，連続性を定式化するのに用いられる．

　点 $x = a$ とその近くで定義されている関数 $y = f(x)$ が

$$\lim_{x \to a} f(x) = f(a) \tag{2.46}$$

を満たすとき，$x = a$ で**連続**である（continuous）という．この場合，極限は左極限，右極限ともに存在すると考える．簡単にいうと，(2.46)は関数のグラフがつながっていることを式で表現したものである．

　[例8]　関数 $y = f(x) = x^2$ に対して $f(1) = 1$．また，例題 2-1 の結果より $\lim_{x \to 1} f(x) = f(1)$ となり，$f(x)$ は $x = 1$ で連続である．■
　もちろん，この関数は $x = 1$ だけでなく，すべての x についても同様に連続である．

　[例9]　例2の符号関数 $y = f(x) = \mathrm{sgn}\, x$ は定義より $f(0) = 0$ である．極限 $\lim_{x \to 0} f(x)$ はこの値と一致せず不連続である．
　グラフからもわかるように，2-2 節であげた代表的な関数はすべて無限大に

発散する点を除いて連続である.

[例10] 関数 $y=f(x)=1/x$ は $x=0$ を除いて連続である（図 2-5 参照）. ▌

注意 ε-δ 法を用いると連続の定義(2.46)は次のようにいいかえることができる.

$$^\forall \varepsilon > 0, \ ^\exists \delta > 0 \quad \text{s.t.} \quad |x-a|<\delta \Longrightarrow |f(x)-f(a)|<\varepsilon \tag{2.47}$$

連続関数の性質　連続な関数は以下に掲げる性質をもっている. まず関数の極限に関する性質を用いて示せるものとして,

(1)　関数 $f(x), g(x)$ が $x=a$ で連続であるとき, $f(x)\pm g(x)$, $f(x)g(x)$, $f(x)/g(x)$ も $x=a$ で連続である. ただし, 商については $g(a)\neq 0$ の条件が必要である.

関数 $f(x)$ と $g(x)$ を用いて定義した新しい関数 $h(x)=g(f(x))$ を f の g による**合成関数**という. 次の性質もやはり関数の極限に関する性質を用いて示すことができる.

(2)　関数 $f(x)$ が $x=a$ で連続, $g(x)$ が $x=f(a)$ で連続であるとき, 合成関数 $h(x)=g(f(x))$ は $x=a$ で連続である.

[例11]　$f(x)=x^2$, $g(x)=\sin x$ のとき $h(x)=\sin x^2$ が合成関数である. この $h(x)$ はどんな x においても連続である. ▌

ある区間で連続な関数には応用上重要な性質がある.

(3)　**中間値の定理**　関数 $f(x)$ は区間 $[a,b]$ で連続であるとする. $f(a)\neq f(b)$ のとき, $f(a)<k<f(b)$ または $f(a)>k>f(b)$ を満たす任意の k に対して, $f(c)=k$ となる c が区間 (a,b) に少なくとも 1 つ存在する.

(4)　**最大値・最小値の定理**　関数 $f(x)$ が区間 $[a,b]$ で連続であるとき, $f(x)$ が最大値 M をとる x および最小値 m をとる x が区間 $[a,b]$ にそれぞれ少なくとも 1 つ存在する.

これら 2 つの性質が成り立つことは図 2-16 からほとんど明白であるだろう. しかし, 数学的に厳密に示そうとすると, やはり実数の連続性に基づかなければならない. 厳密な証明は第 7 章で行なうことにする.

中間値の定理を用いて証明できる性質として次のものがある.

(5)　関数 $y=f(x)$ が区間 $[a,b]$ で連続かつ強い意味で単調増加（または減少）であるとき, 逆関数 $y=f^{-1}(x)$ も連続な関数で, やはり強い意味で単調増

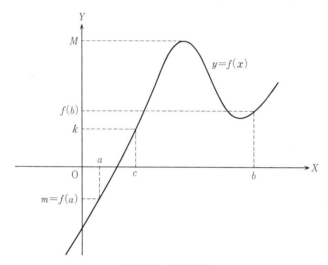

図 2-16　連続関数

加(または減少)である.

　[**例 12**]　三角関数 $y = \cos x$ は区間 $[0, \pi]$ で連続かつ強い意味で単調減少関数である. 値域を $[0, \pi]$ に限った逆関数 $y = \mathrm{Cos}^{-1} x$ はやはり強い意味で単調減少の連続関数となる(図 2-13 参照). █

　次の性質は連続関数の符号に関するものである.

　(6)　関数 $f(x)$ が $x = c$ の近くで連続であり $f(c) > 0$ としたとき, $|x - c| < \delta$ ならば $f(x) > 0$ となる正の数 δ が存在する.

　連続関数の値がある点で正であれば, その十分近くでも正であるというわけである. この性質は ε-δ 法を用いて示すことができる.

第2章　演習問題

[1]　関数 $y=[x]=x$ を越えない最大の整数，のグラフを描け．なお，$[x]$ をガウス (Gauss) の記号という．

[2]　双曲線関数について以下の加法公式が成り立つことを示せ．

$$\cosh(x+y) = \cosh x \cosh y + \sinh x \sinh y$$

$$\sinh(x+y) = \sinh x \cosh y + \cosh x \sinh y$$

$$\tanh(x+y) = \frac{\tanh x + \tanh y}{1 + \tanh x \tanh y}$$

[3]　$-1 < x < 1$ のとき，双曲線関数 $\tanh x$ の逆関数 $\tanh^{-1} x$ は $\dfrac{1}{2}\ln\dfrac{1+x}{1-x}$ と表されることを示せ．

[4]　以下の極限値を求めよ．

(a)　$\displaystyle\lim_{x \to -1} \frac{x^2+1}{x^3+2x}$　　　(b)　$\displaystyle\lim_{x \to 0} \frac{\sqrt{x+1}-1}{x}$

(c)　$\displaystyle\lim_{x \to 0} \frac{1-\cos x}{x^2}$　　　(d)　$\displaystyle\lim_{x \to 0} \frac{\ln(1+x)}{x}$

(e)　$\displaystyle\lim_{x \to 0} \frac{e^x-1}{x}$

[5]　ε-δ 法を用いて $\displaystyle\lim_{x \to \infty}\left(1-\frac{2}{x}\right)=1$ を厳密に示せ．

[6]　2-3 節「連続関数の性質」のうち，(6) を示せ．

3 微　分

本章の主要なテーマは関数の微分である. ニュートンが運動の法則を表すため
に, またライプニッツが曲線と接線の問題を扱うために導入した微分の考え方
は, その後の数学が大きく発展するきっかけを与えた. それだけではない. 微
分は変化する過程を理解する手段として, 科学に欠かすことのできない概念と
なったのである.

3-1　関数の微分

微分係数　　微積分学の実質的な始まりは, ニュートン(I. Newton)による
物体の運動の研究にある. その際彼が用いた微分の考え方が, その後さまざま
な分野で, 変化する過程を扱う大きな武器となったのである. これまで見てき
た関数の極限や連続などの性質は, この微分を数学的に議論するための準備で
あるといっても言い過ぎでない. ここではまずニュートンにしたがって微分の
概念を導入しよう.

　運動している物体の速度は (進んだ距離÷かかった時間) で与えられる. 簡
単のために直線上の運動を考え, 物体の位置 y が時間 t の関数であるとする.
このとき, ある時刻 a から時間 h だけ経過したときの $y(t)$ の変化の割合は

$$\bar{v} = \frac{y(a+h)-y(a)}{h} \tag{3.1}$$

と表される．これは時間 h の間の物体の**平均速度**である．(3.1)の分母は t の増分，分子は y の増分であり，$\bar{v}$ を $y(t)$ の **平均変化率**ともいう．

　[**例1**]　c を定数として，位置が $y=ct$ の1次関数で与えられているとき，

$$\bar{v} = \frac{c(a+h)-ca}{h} = c \quad \blacksquare$$

　この答は，物体が一定速度 c で運動している簡単な場合の平均速度がやはり c であると言っているだけである．しかし，y が t の1次関数でないときには $\bar{v}$ は a にも h にも関係し，表式は一般に面倒なものになる．そこで，運動は急には大きく変化しないと仮定して，(3.1)で $h\to0$ の極限を考える．このとき，分子も小さくなり $\bar{v}$ は h によらないある極限値に近づくことが期待できる．こうして定義されるのが

$$v(a) = \lim_{h\to0} \frac{y(a+h)-y(a)}{h} \tag{3.2}$$

であり，平均速度に対して時刻 a における**瞬間速度**という．

　[**例2**]　$y(t)=t^2$ のとき，$v(a)$ を計算すると，

$$v(a) = \lim_{h\to0} \frac{(a+h)^2-a^2}{h} = \lim_{h\to0}(2a+h) = 2a \quad \blacksquare$$

　ニュートンはこの量 $v(a)$ を**流率**と名付け，$\dot{y}(a)$ と表した．現在の数学では $y'(a)$ や $\dfrac{dy}{dt}(a)$ と書き，関数 $y(t)$ の $t=a$ における**微分係数**(differential coefficient)という．運動の状態が急に変化するようなときには，(3.2)の極限が存在しないこともある．そのような場合，$y(t)$ は $t=a$ で**微分不可能**であるという．逆に極限が存在する場合，$y(t)$ は $t=a$ で**微分可能**という．

　なお，(3.2)で h が右側（正の方）から a に近づくときの極限

$$y'(a+0) = \lim_{h\to+0} \frac{y(a+h)-y(a)}{h} \tag{3.3}$$

を**右微分係数**，左側（負の方）から近づく極限

$$y'(a-0) = \lim_{h \to -0} \frac{y(a+h)-y(a)}{h} \tag{3.4}$$

を**左微分係数**という（極限の記号で 0 ± 0 を簡単に ±0 と書いていることに注意しよう）．関数 $y(t)$ が $t=a$ で**微分可能**であるとは，左右の微分係数が存在して一致することを意味する．

[**例3**] 関数 $y=|x|$ の点 $x=0$ における左右の微分係数はそれぞれ

$$y'(+0) = \lim_{h \to +0} \frac{|h|-0}{h} = 1, \quad y'(-0) = \lim_{h \to -0} \frac{|h|-0}{h} = -1$$

であり，一致しない．したがって，この関数は $x=0$ で微分可能でない．

接線の傾き　微分係数は以下に述べる幾何的意味をもっている．

図 3-1 に関数 $y=f(x)$ の表す曲線が描かれており，曲線上に 2 点 P, Q が与えられている．2 点の座標はそれぞれ $(a, f(a)), (a+h, f(a+h))$ である．点 P と点 Q との間の関数の平均変化率は

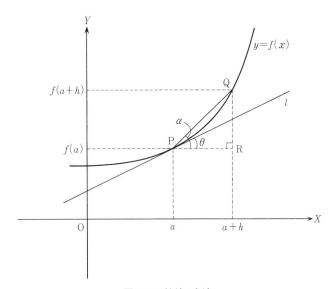

図 3-1　接線と傾き

$$\frac{QR}{PR} = \frac{f(a+h)-f(a)}{h}$$

である．これは∠QPR を α と書くと $\tan\alpha$ に等しい．点 Q を点 P に限りなく近づけると，2点 P, Q をとおる直線は図中の直線 l に限りなく近づく．この直線 l が点 P における曲線 $y=f(x)$ の接線であり，平均変化率の $h\to0$ の極限が l の接線の傾きとなる．すなわち図中の角 θ に対して

$$\tan\theta = f'(a) = \lim_{h\to0}\frac{f(a+h)-f(a)}{h} \tag{3.5}$$

となる．

　導関数　　微分係数 $y'(a)$ は考える時刻 $t=a$ を変化させることにより，t の関数となる．この関数 $y'(t)$ は $y(t)$ から導かれる関数であり，$y(t)$ の**導関数**（derivative）という．独立変数を x と書きかえて定義しておくと，$y=f(x)$ に対する導関数は

$$f'(x) = \lim_{\Delta x\to0}\frac{f(x+\Delta x)-f(x)}{\Delta x} \tag{3.6}$$

で与えられる．導関数は y', $\dfrac{dy}{dx}$, $\dfrac{d}{dx}f(x)$ などと書くこともある．どの記号を用いてもその意味が変ることはない．

　例題 3-1　　関数 $y=f(x)=\sqrt{x}$，$x\geqq0$ の導関数を求めよ．

　［解］　まず $x>0$ のとき，

$$\frac{f(x+\Delta x)-f(x)}{\Delta x} = \frac{\sqrt{x+\Delta x}-\sqrt{x}}{\Delta x} = \frac{1}{\sqrt{x+\Delta x}+\sqrt{x}} \xrightarrow[\Delta x\to0]{} \frac{1}{2\sqrt{x}}$$

となり，$f'(x)=1/2\sqrt{x}$ を得る．$x=0$ のときは

$$\frac{f(x+\Delta x)-f(x)}{\Delta x} = \frac{\sqrt{\Delta x}-0}{\Delta x} = \frac{1}{\sqrt{\Delta x}} \xrightarrow[\Delta x\to+0]{} +\infty$$

となるので，極限は存在せず導関数は定義されない．∎

　関数 $y=\sqrt{x}$ のグラフを描くと，$x=0$ で接線の傾きが無限大，すなわち Y 軸が接線となっている．例題の結果はこの幾何的内容を反映しているのである．

　注意　　ある区間で微分可能な関数は必ず連続である．しかし，例3の結果からもわか

るように，連続な関数がいつも微分可能というわけではない．

代表的な関数の導関数　2-2節であげたさまざまな関数の導関数は，基本的に(3.6)の極限を計算することによって得ることができる．まず簡単な関数について結果を示しておこう．

[**例4**]　関数 $y=x^n$ $(n=0,1,2,\cdots)$ に対して

$$\frac{d}{dx}x^n = \lim_{\Delta x \to 0}\frac{(x+\Delta x)^n - x^n}{\Delta x}$$

$$= \lim_{\Delta x \to 0}\frac{1}{\Delta x}(x+\Delta x-x)\{(x+\Delta x)^{n-1}+(x+\Delta x)^{n-2}x+\cdots+x^{n-1}\}$$

$$= x^{n-1}+x^{n-2}\cdot x+\cdots+x^{n-1} = nx^{n-1} \tag{3.7}$$

とくに $n=0$，すなわち $y=1$ の導関数は 0 である．∎

[**例5**]　指数関数 $y=e^x$ に対して，

$$\frac{d}{dx}e^x = \lim_{\Delta x \to 0}\frac{e^{x+\Delta x}-e^x}{\Delta x} = e^x \lim_{\Delta x \to 0}\frac{e^{\Delta x}-e^0}{\Delta x}$$

右辺の極限値は演習問題2-4(e)の結果から1である．したがって

$$\frac{d}{dx}e^x = e^x \tag{3.8}$$

となる．すなわち，e^x は微分しても値が変らないという特徴をもっている．∎

　この結果から $x=0$ において $de^x/dx=1$ となり，2-2節で述べた指数関数 e^x の $x=0$ における接線の傾きが1であることが示される．

[**例6**]　三角関数 $y=\sin x$ に対して

$$\frac{d}{dx}\sin x = \lim_{\Delta x \to 0}\frac{\sin(x+\Delta x)-\sin x}{\Delta x}$$

$$= \lim_{\Delta x \to 0}\frac{2\cos\left(x+\dfrac{\Delta x}{2}\right)\sin\dfrac{\Delta x}{2}}{\Delta x}$$

$$= \lim_{\Delta x \to 0}\cos\left(x+\frac{\Delta x}{2}\right)\cdot\frac{\sin(\Delta x/2)}{\Delta x/2} = \cos x \tag{3.9}$$

ただし，式変形に際して三角関数の加法定理，また極限を計算するのに(2.45)を用いた．同様の計算により

$$\frac{d}{dx}\cos x = -\sin x \tag{3.10}$$

を得る. ∎

[**例7**] 対数関数 $y = \ln x$ に対して

$$\frac{d}{dx}\ln x = \lim_{\Delta x \to 0}\frac{\ln(x+\Delta x)-\ln x}{\Delta x} = \lim_{\Delta x \to 0}\frac{1}{\Delta x}\ln\frac{x+\Delta x}{x}$$

$$= \lim_{\Delta x \to 0}\ln\Bigl(1+\frac{\Delta x}{x}\Bigr)^{\frac{x}{\Delta x}\cdot\frac{1}{x}}$$

$$= \ln e^{\frac{1}{x}} = \frac{1}{x} \tag{3.11}$$

ただし，極限の計算で(2.43)の $\dfrac{1}{x}$ を $\dfrac{\Delta x}{x}$ で置きかえた式を用いた. ∎

　他の関数についてはいくつかの微分の公式を用意しておくことが必要となる.
まず，45頁の極限の性質を利用して得られるのが以下の式である.

(1)　α を定数として，$\dfrac{d}{dx}\{\alpha f(x)\} = \alpha\dfrac{d}{dx}f(x)$ $\tag{3.12}$

(2)　$\dfrac{d}{dx}\{f(x)\pm g(x)\} = \dfrac{df(x)}{dx}\pm\dfrac{dg(x)}{dx}$ $\tag{3.13}$

(3)　$\dfrac{d}{dx}\{f(x)g(x)\} = \dfrac{df(x)}{dx}g(x)+f(x)\dfrac{dg(x)}{dx}$ $\tag{3.14}$

(4)　$\dfrac{d}{dx}\left\{\dfrac{f(x)}{g(x)}\right\} = \dfrac{1}{g^2(x)}\left\{\dfrac{df(x)}{dx}g(x)-f(x)\dfrac{dg(x)}{dx}\right\}$, $\quad g(x)\neq 0$

$$\tag{3.15}$$

ただし，これらの式で f や g は当然のことながら微分可能な関数である．なお，
(1)と(2)の性質から，2つの関数の線形結合(定数をかけて加え合せた式)を微
分したものは，それぞれの関数を微分し定数をかけて加え合せたものに等しい
ことがわかる．1-4節同様，この性質を**微分操作の線形性**という.

例題 3-2　上の公式のうち(3)を示せ.

［解］　次の式が成り立つ.

$$\frac{f(x+\Delta x)g(x+\Delta x)-f(x)g(x)}{\Delta x}$$

$$=\frac{\{f(x+\Delta x)-f(x)\}g(x)}{\Delta x}+\frac{f(x+\Delta x)\{g(x+\Delta x)-g(x)\}}{\Delta x}$$

ここで $\Delta x\to0$ とすると，左辺は $\dfrac{d}{dx}\{f(x)g(x)\}$ に，右辺第 1 項は $\dfrac{df(x)}{dx}g(x)$，第 2 項は $f(x)\dfrac{dg(x)}{dx}$ に収束し，(3.14)を得る． ∎

上であげた性質を用いて計算できる導関数の例を 2 つ見ておこう．

[例8]　2 次関数 $f(x)=ax^2+bx+c$ について，$(x^2)'=2x$，$(x)'=1$，$(1)'=0$ と性質(1),(2)を用いると，

$$f'(x) = a\cdot2x+b\cdot1+c\cdot0 = 2ax+b \quad ∎$$

[例9]　三角関数 $f(x)=\tan x$ について，$\tan x=\sin x/\cos x$ であるから，性質(4)を用いると，

$$f'(x) = \frac{1}{\cos^2x}\{(\sin x)'\cos x-\sin x(\cos x)'\}$$

$$= \frac{1}{\cos^2x}(\cos^2x+\sin^2x) = \frac{1}{\cos^2x} = \sec^2x \quad ∎ \tag{3.16}$$

合成関数と逆関数に対する微分　　より複雑な関数に対して有効となる微分公式として，合成関数に対するものと逆関数に対するものがある．

合成関数 $y=g(f(x))$ に対して $y=g(z)$，$z=f(x)$ と書くと，

$$\frac{dy}{dx} = \frac{dg(z)}{dz}\frac{df(x)}{dx}, \quad ただし z = f(x) \tag{3.17}$$

となる．なぜなら，

$$P = \frac{y(x+\Delta x)-y(x)}{\Delta x} = \frac{g(f(x+\Delta x))-g(f(x))}{\Delta x}$$

において，$z=f(x)$，$z+\Delta z=f(x+\Delta x)$ とすると

$$P = \frac{g(z+\Delta z)-g(z)}{\Delta z}\cdot\frac{f(x+\Delta x)-f(x)}{\Delta x}$$

となり，$\Delta x\to0$ のとき $\Delta z=f(x+\Delta x)-f(x)\to0$ となることに注意すると，

$$P \xrightarrow[\Delta x \to 0]{} \frac{dg(z)}{dz} \frac{df(x)}{dx}$$

を得るからである.

　[**例 10**]　関数 $y = e^{-x^2}$ について, $g(z) = e^z$, $z = f(x) = -x^2$ とすると

$$y'(x) = g'(z)f'(x) = (e^z)' \cdot (-x^2)' = e^z \cdot (-2x) = -2xe^{-x^2} \quad \blacksquare \quad (3.18)$$

　[**例 11**]　指数関数 $y = a^x$ は両辺の対数をとって $\ln y = x \ln a$ と書ける. したがって $y = e^{x \ln a}$ と表してもよい. このとき, $g(z) = e^z$, $z = f(x) = x \ln a$ とすると,

$$\begin{aligned} y'(x) = g'(z)f'(x) &= (e^z)'(x \ln a)' = e^z \cdot \ln a \\ &= e^{x \ln a} \ln a = a^x \ln a \quad \blacksquare \end{aligned} \qquad (3.19)$$

　もう1つの微分公式は逆関数に対するものである. いま関数 $y = f(x)$ が区間 (a, b) において強い意味で単調増加とする. また $A = f(a)$, $B = f(b)$ と書くことにする. このとき 2-1 節で述べたことによって逆関数 $y = f^{-1}(x)$ は (A, B) でやはり強い意味で単調増加の1価関数となる. さらに $y + \Delta y = f(x + \Delta x)$ と書くと $\Delta x \neq 0$ のとき必ず $\Delta y \neq 0$ となる. また, 関数 $f(x)$ がこの区間で連続であるとすると $\Delta x \to 0$ のとき $\Delta y \to 0$ となる.

　以上の準備の下で $y = f(x)$ に対して $x = g(y)$ と書くと, $g(y) = f^{-1}(x)$, $g(y + \Delta y) = x + \Delta x$ であり,

$$\frac{g(y + \Delta y) - g(y)}{\Delta y} = \frac{\Delta x}{f(x + \Delta x) - f(x)}$$

の関係が成立している. この式で $\Delta x \to 0$ の極限をとると, 右辺 $\to dg(y)/dy$, 左辺 $\to 1/(df(x)/dx)$ となり, 逆関数に対する微分公式として

$$\frac{df^{-1}(y)}{dy} = \frac{1}{df(x)/dx} \qquad (3.20)$$

が得られることになる.

　[**例 12**]　逆三角関数 $\mathrm{Sin}^{-1} x$ の導関数を求める. 大文字の S を用いたのは値域を $-\frac{\pi}{2} \leqq y \leqq \frac{\pi}{2}$ に制限して1価関数としたからである. この区間で $\sin x$ も $\mathrm{Sin}^{-1} x$ も強い意味で単調増加であり, (3.20) を用いて導関数が計算できる. すなわち

$$\frac{d(\mathrm{Sin}^{-1}y)}{dy} = \frac{1}{d(\sin x)/dx} = \frac{1}{\cos x} = \frac{1}{\sqrt{1-y^2}} \quad \blacksquare \tag{3.21}$$

3-2 高階微分

高階導関数　ニュートンが物体の運動を記述する法則を提案したとき，もっとも重要な概念は加速度であった．加速度は，速度 $v(t)$ に対して $\{v(t+\varDelta t) - v(t)\}/\varDelta t$ を考え，$\varDelta t \to 0$ の極限として定義されるものである．（瞬間）速度 $v(t)$ は位置 $y(t)$ の微分で与えられるから，加速度は位置を t についてさらにもう一度微分したものを考えることに相当している．このように，ある関数 $f(x)$ を何回も微分することがしばしば大切になる．

一般に関数 $y=f(x)$ を n 回微分した関数を $f(x)$ の **n 階導関数**といい，

$$f^{(n)}(x), \qquad \frac{d^n}{dx^n}f(x), \qquad \left(\frac{d}{dx}\right)^n f(x)$$

などと表す．加速度の例からもわかるように，2 階導関数は 1 階導関数を用いて

$$f^{(2)}(x) = \frac{d}{dx}\left(\frac{df(x)}{dx}\right)$$

で与えられる．以下同様にして

$$f^{(n)}(x) = \frac{d}{dx}(f^{(n-1)}(x)) \tag{3.22}$$

が成り立つ．1 階微分のときと同様，$f^{(2)}(x)=f''(x)$，$f^{(3)}(x)=f'''(x)$，$\cdots$ と書いてもよい．

[例1]　関数 $f(x)=x^n$ に対して，$f'(x)=nx^{n-1}$ であるから

$$f''(x) = \frac{d}{dx}(nx^{n-1}) = n(n-1)x^{n-2}$$

となる．以下同様に

$$f^{(3)}(x) = n(n-1)(n-2)x^{n-3}$$

$$\cdots\cdots\cdots\cdots$$

$$f^{(n)}(x) = n(n-1)(n-2)\cdots\cdots 2\cdot 1$$

が得られ，$f^{(n)}(x)$ は定数であるから，$f^{(n+1)}(x)=f^{(n+2)}(x)=\cdots=0$ となる．∎

　[例2]　指数関数 $f(x)=e^x$ の場合，どんな n に対しても $f^{(n)}(x)=e^x$ となる．∎

　[例3]　三角関数 $f(x)=\sin x$ の場合には，n が奇数のとき $f^{(n)}(x)=(-1)^{\frac{n-1}{2}}\cos x$, n が偶数のとき $f^{(n)}(x)=(-1)^{\frac{n}{2}}\sin x$. ∎

　ライプニッツの公式　積の微分公式(3.14)に対してさらに微分を繰り返すと，

$$\frac{d^2}{dx^2}\{f(x)g(x)\} = f''g+2f'g'+fg'' \tag{3.23}$$

$$\frac{d^3}{dx^3}\{f(x)g(x)\} = f'''g+3f''g'+3f'g''+fg''' \tag{3.24}$$

$$\cdots\cdots\cdots\cdots$$

となり，一般に

$$\frac{d^n}{dx^n}\{f(x)g(x)\} = \sum_{k=0}^{n}\binom{n}{k}f^{(k)}g^{(n-k)} \tag{3.25}$$

であることが示せる．ただし $\binom{n}{k}$ は(1.45)で定義した2項係数であり，各式の右辺の関数 $f(x), g(x)$ を簡単に f, g と書いた．この公式を**ライプニッツ(Leibniz)の公式**という．

　[例4]　関数 x^3e^x に対して

$$\begin{aligned}\frac{d^3}{dx^3}(x^3e^x) &= (x^3)'''e^x+3(x^3)''(e^x)'+3(x^3)'(e^x)''+x^3(e^x)''' \\ &= 6e^x+18xe^x+9x^2e^x+x^3e^x \\ &= (6+18x+9x^2+x^3)e^x \end{aligned}$$ ∎

　関数 $f(x)$ が既知のものであるとしたとき，(3.14)は形式的に

$$\frac{d}{dx}\{f(x)g(x)\} = \left(f'(x)+f(x)\frac{d}{dx}\right)g(x)$$

と書くことができる．すなわち関数 g に対して，関数 f や f' を「係数」としてもつ微分操作が作用しているとみなしてもよいのである．このように考えたとき，$f'(x)+f(x)\dfrac{d}{dx}$ を $g(x)$ に対する**微分作用素**，または**微分演算子**

（differential operator）ということがある．複雑な微分を扱うときに便利な表現である．

　[例5]　(3.23)の右辺を微分作用素が関数 $g(x)$ に作用している形で表すと，$\left(f''+2f'\dfrac{d}{dx}+f\dfrac{d^2}{dx^2}\right)g(x)$ となる．∎

　連続微分可能　関数 $f(x)$ が n 回まで微分可能であるとき，f は **n 回微分可能である**といい，さらに $f^{(n)}(x)$ が連続であれば，f は **n 回連続微分可能である**という．またそのような関数をまとめて C^n 級に属しているということもある．何回でも微分できる関数は無限回微分可能であり，C^∞ 級に属しているという．

　[例6]　関数

$$f(x) = \begin{cases} x^2 & (x \geqq 0) \\ -x^2 & (x < 0) \end{cases}$$

に対して，

$$f'(x) = \begin{cases} 2x & (x \geqq 0) \\ -2x & (x < 0) \end{cases}$$

となり，これは連続な関数であるから，関数 f は C^1 級に属していることになる．しかし，

$$f''(x) = \begin{cases} 2 & (x > 0) \\ -2 & (x < 0) \end{cases}$$

であり，$x=0$ で $f''(x)$ は定義されないので，f は C^2 級には属していない．

3-3　微分の応用

　関数の近似　微分法の応用として，まず関数の近似ということを考えてみよう．3-1節で微分係数の幾何的意味について考察した．この結果を次のように解釈する．

　関数 $f(x)$ の点 $x=a$ における値それ自身 $f(a)$ と微分係数 $f'(a)$ はわかっているが，点 $x=a+\varDelta x$ における値 $f(a+\varDelta x)$ はわからないものとする．このとき $f(a)+f'(a)\varDelta x$ は $f(a+\varDelta x)$ の1つの近似値を与えているといってよい．な

ぜなら，$\{f(a+\Delta x)-f(a)\}/\Delta x$ は Δx をどんどん小さくしていったとき $f'(a)$ に近づき，$\Delta x \to 0$ の極限ではその値に一致するからである．近似となっていることを

$$f(a+\Delta x) \approx f(a)+f'(a)\Delta x \tag{3.26}$$

と書くことにしよう．"＝"の代りに"≈"を用いるのである．(3.26)は a から Δx 離れた点における関数の値を a における関数の「情報」だけで近似しているということもできる．

　[例1]　関数 $f(x)=x^2$ の $x=2, 1.5, 1.25, 1.1, 1.01$ における真の値と，$a=1$ としたときの(3.26)による近似値とを比較する．

　$f(a)=1$，$f'(a)=2$ であり，x の値を代入して次の表が得られる．ただし相対誤差は |(真の値−近似値)/真の値| で与えられている．

x	2	1.5	1.25	1.1	1.01
Δx	1	0.5	0.25	0.1	0.01
近似値	3	2	1.5	1.2	1.02
真の値	4	2.25	1.5625	1.21	1.0201
相対誤差	25%	約11.1%	約4.0%	約0.8%	約0.01%

この表から，たしかに x が 1 に近づくにつれて誤差が小さくなることが読みとれる．■

　平均値の定理　(3.26)で近似を表す記号 ≈ を等号 ＝ におきかえることは一般には不可能である．しかし，点 a における微分係数 $f'(a)$ の代りに少し離れた点での微分係数を考えたときには等号にすることができる．これが以下で述べる平均値の定理といわれるものの1つの解釈である．数学的にはこの定理は2-3節で触れた最大値・最小値の定理から導かれる．定理の内容を述べるまえに，1つの言葉を定義しておこう．

　関数 $f(x)$ が区間 $[a,b]$ で連続であるとする．このとき区間内の点 c において，十分小さい正の数 h に対して

$$f(c-h)<f(c), \quad f(c+h)<f(c) \tag{3.27}$$

が成り立つとき，$f(x)$ は $x=c$ で**極大**といい，$f(c)$ を**極大値**という．同様に

$$f(c-h)>f(c), \quad f(c+h)>f(c) \tag{3.28}$$

が成り立つときは$f(x)$は$x=c$で**極小**といい，$f(c)$を**極小値**という．不等号がそれぞれ$\leqq, \geqq$におきかわった場合は，**弱い意味で極大（極小）**という．

　導関数の定義(3.6)から，もし$f(x)$が(a,b)で微分可能であり，区間内の点cで$f(x)$が極大もしくは極小となるとき，$f'(c)=0$となることがわかる．なぜなら，たとえば極大のとき，

$$f'(c) = \lim_{h \to +0} \frac{f(c-h)-f(c)}{-h} \geqq 0$$

$$f'(c) = \lim_{h \to +0} \frac{f(c+h)-f(c)}{h} \leqq 0$$

となり，2つあわせて$f'(c)=0$が成り立つからである．

　以上の準備のもとで表題の定理を与えよう．

　平均値の定理　関数$f(x)$が区間$[a,b]$で連続，(a,b)で微分可能とする．

　このとき，(a,b)上に

$$f'(c) = \frac{f(b)-f(a)}{b-a} \tag{3.29}$$

となる点cが少なくとも1つ存在する．

　上式で$b=a+\varDelta x$とおくと

$$f(a+\varDelta x) = f(a)+f'(c)\varDelta x \qquad (a<c<a+\varDelta x) \tag{3.30}$$

と書ける．これが(3.26)で記号$\approx$を$=$でおきかえた式である．直観的には，図3-2のように区間(a,b)のどこかに線分ABに平行な直線が引ける点が必ずあることを意味している．図の場合には$x=c_1, c_2$がそのような点である．

　[例2]　例1の2次関数$f(x)=x^2$で$a=1$として(3.30)を書き下すと，

$$f(1+\varDelta x) = f(1)+f'(c)\varDelta x$$

もしくは，$f'(x)=2x$を用いて

$$(1+\varDelta x)^2 = 1+2c\varDelta x$$

となる．$\varDelta x=1$とした場合が$x=2$に相当する．このとき，上式より$c=3/2$を得る．すなわち，$x=1$における関数の値と$x=3/2$における微分係数の値を用いて，$x=2$における関数の値を表すことができるのである．■

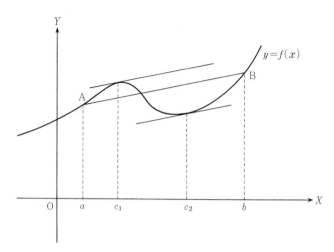

図 3-2 平均値の定理

　平均値の定理を証明するためには 2-3 節の最大値・最小値の定理を用いれば
よい．関数

$$F(x) = f(x) - (x-b)\frac{f(b)-f(a)}{b-a}$$

を考えると，条件より $F(x)$ は $[a,b]$ で連続であり，$F(a)=F(b)=f(b)$ とな
る．また

$$F'(x) = f'(x) - \frac{f(b)-f(a)}{b-a}$$

である．ところで，最大値・最小値の定理より，$F(x)$ は閉区間 $[a,b]$ の少な
くとも 1 つの点で最大値をとる．いま $F(x)$ が開区間 (a,b) の 1 点 c で最大値
をとったとすると，その点 c で

$$F'(c) = f'(c) - \frac{f(b)-f(a)}{b-a} = 0$$

となり(3.29)が成立する．もし $F(x)$ が (a,b) で最大値をとらなければ，両端
における $F(a)=F(b)$ が最大値である．そのとき，$F(x)$ は開区間 (a,b) のあ
る 1 点 c で最小値をとり，やはりその点で(3.29)が成立することになる．

関数の増減　平均値の定理から関数の増減に関する 1 つの性質を導くことができる．いま関数 $f(x)$ が区間 $[a, b]$ で微分可能，(a, b) のいたるところで $f'(x) \geqq 0$ としよう．このとき (3.30) より $f(a+\varDelta x) \geqq f(a)$ が成り立つ．すなわち $[a, b]$ で $f(x)$ は単調増加である．逆に $f'(x) \leqq 0$ のとき，同じ区間で $f(x)$ は単調減少となる．

　[例3]　区間 $\left(0, \dfrac{\pi}{2}\right)$ で $x - \dfrac{x^3}{6} < \sin x < x$ となることを示す．

　まず右側の不等式を考えよう．$f(x) = x - \sin x$ とするとこれは微分可能であり，$\left(0, \dfrac{\pi}{2}\right)$ で $f'(x) = 1 - \cos x > 0$ となる．すなわち $f(x)$ は単調増加である．また $f(0) = 0$ であるから，この区間で $f(x) > 0$ がつねに成り立つ．

　この結果を用いて，左側の不等式を示すことができる．いま $g(x) = \sin x - x + \dfrac{x^3}{6}$ とすると，$g'(x) = \cos x - 1 + \dfrac{x^2}{2} = \dfrac{x^2}{2} - 2\sin^2\dfrac{x}{2} = 2\left\{\left(\dfrac{x}{2}\right)^2 - \sin^2\dfrac{x}{2}\right\}$ となり，$\left(0, \dfrac{\pi}{2}\right)$ でやはり $g'(x) > 0$ である．関数 $g(x)$ が単調増加であることと，$g(0) = 0$ であることを用いて $g(x) > 0$ が同様に示される．∎

　関数の極値　以上の単調性に関する結果を用いると，次のような関数の極値に対する性質を得ることができる．

　関数 $f(x)$ が点 c の近くの各点で微分可能であり，かつ $f'(c) = 0$ とする．もし $c > x$ のとき $f'(x) \leqq 0$，$c < x$ のとき $f'(x) \geqq 0$ ならば，$f(x)$ は $c > x$ で単調減少，$c < x$ で単調増加となる．したがって点 $x = c$ で関数は極小となる．同様に $f'(c) = 0$，$c > x$ のとき $f'(x) \geqq 0$，$c < x$ のとき $f'(x) \leqq 0$ ならば，点 $x = c$ で関数は極大となる．

　[例4]　関数 $f(x) = x^5 - 5x^4 + 5x^3 + 1$ の極値を求める．

　そのためにまず微分を計算する．

$$f'(x) = 5x^4 - 20x^3 + 15x^2 = 5x^2(x-3)(x-1)$$

この導関数の符号を調べることにより，以下の関数に対する増減表がえられる．

x の値	$x < 0$	$x = 0$	$0 < x < 1$	$x = 1$	$1 < x < 3$	$x = 3$	$3 < x$
$f'(x)$	+	0	+	0	−	0	+
$f(x)$	↗	1	↗	極大 2	↘	極小 −26	↗

すなわち，$f(x)$ は $x = 1$ で極大値 2，$x = 3$ で極小値 -26 をとる．∎

　なお，この結果からわかるように，$f'(x)=0$ は極値を与える必要条件であるが，十分条件ではないことに注意しよう．

　増減表を作成することにより，関数の大ざっぱなグラフを描くことができる．グラフのより詳細な様子を知ろうとするには，$f(x)$ の高階の導関数に関する情報が必要となる．

　関数の凹凸　　2-1節で関数の凹凸について簡単に触れた．この性質は2階導関数を用いてもう少し正確に表現することができる．

　2回微分可能な関数 $y=f(x)$ が点 $x=c$ で $f''(c)>0$ を満たしているとしよう．このとき単調性に関する結果を関数 $f'(x)$ に適用すれば，x が c に十分近いとして，$x<c$ のとき $f'(x)<f'(c)$，$x>c$ のとき $f'(c)<f'(x)$ となっていることがわかる．平均値の定理(3.30)により

$$f(c+\Delta x)-f(c) = f'(\xi_1)\Delta x \qquad (c<\xi_1<c+\Delta x)$$

$$f(c-\Delta x)-f(c) = -f'(\xi_2)\Delta x \qquad (c-\Delta x<\xi_2<c)$$

が成り立つので，$f'(\xi_1)$，$f'(\xi_2)$ を $f'(c)$ でおきかえると

$$f(c+\Delta x)-f(c) > f'(c)\Delta x$$

$$f(c-\Delta x)-f(c) > -f'(c)\Delta x$$

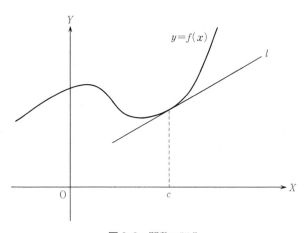

図 3-3　関数の凹凸

となる．このとき図 3-3 からわかるように，関数 $f(x)$ のグラフは，点 $x=c$ の近くで，その点を通る接線 l の上側にあることになる．この場合(すなわち $f''(c)>0$ が成り立つとき)，関数 $f(x)$ は下に凸になっているのである．同様に $f''(c)<0$ ならば点 $x=c$ の近くで $f(x)$ のグラフは上に凸ということになる．関数 $f(x)$ のグラフの凹凸が $x=a$ で変るとき，その点 a を $f(x)$ の**変曲点**という．なお，上式中の ξ はギリシャ文字で，クサイまたはグジーと読む．

[**例5**]　例 4 の関数のグラフの凹凸を調べる．

2 階微分を計算すると

$$f''(x) = 20x^3 - 60x^2 + 30x = 20x\left(x - \frac{3-\sqrt{3}}{2}\right)\left(x - \frac{3+\sqrt{3}}{2}\right)$$

となる．この関数の符号を調べて，凹凸に関する以下の表がえられる．

x の値	$x<0$	$x=0$	$0<x<\dfrac{3-\sqrt{3}}{2}$	$x=\dfrac{3-\sqrt{3}}{2}$	$\dfrac{3-\sqrt{3}}{2}<x<\dfrac{3+\sqrt{3}}{2}$	$x=\dfrac{3+\sqrt{3}}{2}$	$\dfrac{3+\sqrt{3}}{2}<x$
$f''(x)$	$-$	0	$+$	0	$-$	0	$+$
$f(x)$	上に凸	変曲点 1	下に凸	変曲点 $\dfrac{39\sqrt{3}-55}{8}$	上に凸	変曲点 $\dfrac{-39\sqrt{3}-55}{8}$	下に凸

とくに点 $x=0$ では $f'(0)=f''(0)=0$ であり，極値ではないが変曲点になっていることがわかる．

ロピタルの公式　もう 1 つの微分法の応用として，関数の極限を求めるのに有用なロピタル(L'Hospital)の公式というものをあげておこう．その準備としてまず平均値の定理を拡張しておくことにする．

いま 2 つの関数 $f(x)$, $g(x)$ が $[a,b]$ で連続，(a,b) で微分可能とし，また (a,b) で $f'(x) \neq 0$ とする．このとき平均値の定理(3.29)より，

$$f(b) - f(a) = (b-a)f'(c_1) \qquad (a<c_1<b) \tag{3.31}$$

が得られる．仮定により $f(b)-f(a) \neq 0$ である．関数 $F(x)$ を

$$F(x) = g(b) - g(x) - \frac{g(b)-g(a)}{f(b)-f(a)}\{f(b)-f(x)\} \tag{3.32}$$

で定義しよう．この関数が $F(a)=F(b)=0$ を満たしていることは $x=a,b$ を代入してすぐにわかる．さらに，

$$F'(x) = -g'(x) + \frac{g(b)-g(a)}{f(b)-f(a)}f'(x) \tag{3.33}$$

も成立している．関数 $F(x)$ に平均値の定理(3.29)を適用すると，

$$F'(c) = \frac{F(b)-F(a)}{b-a} = 0$$

となる点 c が (a,b) 上に存在することになる．したがって(3.33)より

$$\frac{g(b)-g(a)}{f(b)-f(a)} = \frac{g'(c)}{f'(c)} \tag{3.34}$$

を得る．この式を**コーシー（Cauchy）の平均値の定理**ということがある．(3.34)で $g(x)=x$ としたものが(3.29)そのものであり，平均値の定理の拡張版と考えてよい．

　さて，$x \to 0$ のとき $f(x) \to 0$，$g(x) \to 0$ となる関数について，$g(x)/f(x)$ の $x \to 0$ での極限をとると $0/0$ の形になり，値を求めることができない．すなわち不定形となる．しかし，このような場合にも，関数によっては(3.34)を用いて極限値が計算できるのである．

　いま，$f(x)$，$g(x)$ が $x=0$ の近くで微分可能であり，$f'(x) \neq 0$ とする．また $f(0)=g(0)=0$ として，$g'(x)/f'(x)$ の $x \to 0$ の極限が存在するとしたとき，(3.34)から

$$\lim_{x \to 0} \frac{g(x)}{f(x)} = \lim_{x \to 0} \frac{g'(x)}{f'(x)} \tag{3.35}$$

となる．これが**ロピタルの公式**である．

　[例6]　$\lim_{x \to 0} \dfrac{x-\ln(1+x)}{x^2}$ を求める．

　$f(x)=x^2$，$g(x)=x-\ln(1+x)$ とすると，$f(0)=g(0)=0$ である．2つの関数とも微分可能であるから(3.35)を用いて

$$\lim_{x \to 0} \frac{x-\ln(1+x)}{x^2} = \lim_{x \to 0} \frac{1-\dfrac{1}{1+x}}{2x} = \lim_{x \to 0} \frac{1}{2(1+x)} = \frac{1}{2}$$

となる．∎

　ニュートンの方法　　微分法の応用の最後の例として，コンピュータによる数値計算において用いられる近似法を1つ紹介しておこう．

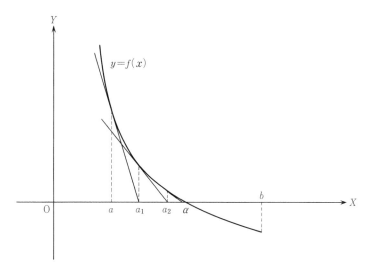

図 3-4　ニュートンの方法

　問題は $f(x)=0$ という方程式の解の近似値をどう求めるかというものである．関数 $f(x)$ が $[a,b]$ で連続で $f(a)>0$, $f(b)<0$ とすると，2-3 節の中間値の定理から，$[a,b]$ に $f(x)=0$ を満たす点 x が少なくとも 1 つ存在する．その値を近似的に求めようというのである．

　話を簡単にするために，図 3-4 のように $f(x)$ は $[a,b]$ で下に凸な関数であるとする．この場合，解は 1 つだけであり，それを $x=\alpha$ と名付けておく．またこの区間でつねに $f'(x)<0$ が成り立っているとする．

　いま点 $x=a$ における $y=f(x)$ の接線の方程式

$$y-f(a)=f'(a)(x-a)$$

は X 軸と交わり，交点 a_1 は上式で $y=0$ として

$$a_1 = a - \frac{f(a)}{f'(a)}$$

と定まる．関数 $f(x)$ は下に凸であるので，図からわかるように $a<a_1<\alpha$ である．次に点 $x=a_1$ における接線の方程式と X 軸の交点 a_2 を求めると，

$$a_2 = a_1 - \frac{f(a_1)}{f'(a_1)}$$

となり $a_1 < a_2 < \alpha$ である．以下同様にして n 番目の交点 a_n を用いて $n+1$ 番目の交点 a_{n+1} が漸化式

$$a_{n+1} = a_n - \frac{f(a_n)}{f'(a_n)} \tag{3.36}$$

で与えられることになる．こうして得られた数列 $\{a_n\}$ は

$$a = a_0 < a_1 < a_2 < \cdots < a_n < \cdots < \alpha$$

を満たす．すなわち上に有界な単調増加数列である．したがって 1-4 節命題 1-1 から必ず極限値をもつ．その極限値を a_∞ と書くことにすると，(3.36)から

$$a_\infty = a_\infty - \frac{f(a_\infty)}{f'(a_\infty)}$$

であり，$f(a_\infty)=0$ となる．すなわち，a_∞ が $f(x)=0$ の解を与えるのである．したがって，数列 $\{a_n\}$ は n が大きければ大きいほど $f(x)=0$ の解のよい近似値になっているのである．このように方程式の解を近似的に求めるやり方を**ニュートンの方法**という．

　[**例7**]　ニュートンの方法により，$x=-2$ から出発して $x^2-2=0$ の解を求める．

　関数 $f(x)=x^2-2$ は下に凸である．また $f(-2)=2$, $f(0)=-2$ であるから，$[-2, 0]$ に 1 つ解が存在する．じつはその解が $-\sqrt{2}$ であることはすぐにわかるが，それを近似的に計算しようというわけである．この場合 $f'(x)=2x$ であるから $a_0=-2$ とした漸化式

$$a_{n+1} = a_n - \frac{a_n^2-2}{2a_n} = \frac{a_n^2+2}{2a_n}$$

を次々と解いていけばよいことになる．その結果は

$$a_1 = -1.5, \quad a_2 \fallingdotseq -1.416667, \quad a_3 \fallingdotseq -1.414216, \quad \cdots$$

となる．コンピュータや電卓をもっている読者は実際にためしてみられたい．n とともに a_n が真の解 $-\sqrt{2}=-1.414213\cdots$ に近づいていることが見てとれ

るだろう. ▌

　方程式 $x^2-2=0$ はもう 1 つの解 $\sqrt{2}$ をもっている. この解は, たとえば $x=2$ から出発し, 減少数列の極限として得られる.

3-4　テイラー展開

　再び関数の近似　　前節の冒頭で, 微分を用いると, ある点から少し離れた点での関数の値がその点での関数の「情報」で近似できることを指摘した(式 (3.26)参照). ところで, 高階微分を使うともっとよい近似式が得られる. それが表題のテイラー展開(Taylor expansion)である. まず簡単な例から見ていこう.

　3 次関数

$$f(x) = (1+x)^3 = 1+3x+3x^2+x^3 \tag{3.37}$$

を考える. この関数を

$$f(x) \approx 1+3x \tag{3.38}$$

で近似する. たとえば $x=0.1$ のときの近似値は 1.3 である. 一方, 真の値は $1.1^3=1.331$ であるので相対誤差は $|(1.331-1.3)/1.331|=$ 約 2.3% となる. 関数 $f(x)$ の微分は $f'(x)=3(1+x)^2$ であり, $f'(0)=3$ となる. すなわち(3.38)は (3.26)で $a=0$, $\varDelta x=x$ としたものと解釈できる.

　今度は近似式を

$$f(x) \approx 1+3x+3x^2 \tag{3.39}$$

としよう. やはり $x=0.1$ のときの近似値は 1.33 となり, 相対誤差は $|(1.331-1.33)/1.331|=$ 約 0.1% でずっと小さくなる. 関数 $f(x)$ の 2 階微分は $f''(x)=6(1+x)$ であり, (3.39)はじつは

$$f(x) \approx f(0)+f'(0)x+\frac{1}{2}f''(0)x^2 \tag{3.40}$$

となっているのである.

　もっと一般的な場合を見てみよう. ある関数 $f(x)$ が $x=0$ の近くで

$$f(x) \approx a_0+a_1x+a_2x^2+\cdots+a_nx^n \tag{3.41}$$

のように n 次の多項式で近似されているとする。よい近似であるためには，$a_0, a_1, \cdots, a_n$ の値はどうであればよいだろうか。なお，関数 $f(x)$ は必要なだけ微分できるものとしておく。

　まず $x=0$ のとき両辺が等しくなるとすると，$a_0 = f(0)$ となる。こんどは両辺を微分した式

$$f'(x) \approx a_1 + 2a_2x + 3a_3x^2 + \cdots + na_nx^{n-1}$$

で，$x=0$ のとき等号が成り立つためには $a_1 = f'(0)$ であればよい。さらに

$$f''(x) \approx 2a_2 + 3 \cdot 2a_3x + \cdots + n(n-1)a_nx^{n-2}$$

の両辺が $x=0$ で等しくなるためには $a_2 = \dfrac{1}{2}f''(0)$ であればよい。以下同様にして $a_3 = \dfrac{1}{3!}f'''(0)$, $\cdots$, $a_n = \dfrac{1}{n!}f^{(n)}(0)$ を得る。こうして作られる多項式

$$f(x) \approx f(0) + f'(0)x + \frac{1}{2!}f''(0)x^2 + \cdots + \frac{1}{n!}f^{(n)}(0)x^n \qquad (3.42)$$

が関数 $f(x)$ の $x=0$ 近くでのよい近似式になっているのである。

　マクローリン展開　　近似の誤差を $R_{n+1}(x)$ と書いたとき，(3.42)は等号を用いて

$$f(x) = f(0) + f'(0)x + \frac{1}{2!}f''(0)x^2 + \cdots + \frac{1}{n!}f^{(n)}(0)x^n + R_{n+1}(x) \qquad (3.43)$$

と表すことができる。この誤差の1つの表現を求めてみよう。そのためには前節の平均値の定理を使えばよい。

　いま，$R_{n+1}(x) = A(x)x^{n+1}$ とし，関数 $g(\xi)$ を，

$$g(\xi) = f(x) - f(\xi) - f'(\xi)(x-\xi) - \frac{1}{2!}f''(\xi)(x-\xi)^2 - \cdots$$

$$- \frac{1}{n!}f^{(n)}(\xi)(x-\xi)^n - A(x)(x-\xi)^{n+1} \qquad (3.44)$$

で定める。この関数は $g(0) = g(x)$ を満たしている。また $x>0$ とすると，区間 $[0, x]$ において微分可能であるので，平均値の定理(3.29)から，

$$g'(c) = \frac{g(x) - g(0)}{x} = 0 \qquad (3.45)$$

となる点 c が $(0, x)$ 上に少なくとも1つ存在する。ところで，(3.44)を ξ で1

回微分すると，積の微分公式から

$$g'(\xi) = -f'(\xi) + f'(\xi) - f''(\xi)(x-\xi) + f''(\xi)(x-\xi) - \cdots$$

$$-\frac{1}{n!}f^{(n+1)}(\xi)(x-\xi)^n + (n+1)A(x)(x-\xi)^n$$

$$= -\left\{\frac{1}{(n+1)!}f^{(n+1)}(\xi) - A(x)\right\}(n+1)(x-\xi)^n$$

となる．この結果を(3.45)に用いると，$A(x) = \dfrac{1}{(n+1)!}f^{(n+1)}(c)$ が得られることになる．すなわち，誤差は

$$R_{n+1}(x) = \frac{1}{(n+1)!}f^{(n+1)}(c)x^{n+1} \qquad (0<c<x) \tag{3.46}$$

と表されるのである．この表現を**ラグランジュ(Lagrange)の剰余項**といい，等号の式(3.43)を**マクローリン(Maclaurin)展開**という．ラグランジュの剰余項は $c=\theta x$ と書きかえて

$$R_{n+1}(x) = \frac{1}{(n+1)!}f^{(n+1)}(\theta x)x^{n+1} \qquad (0<\theta<1) \tag{3.47}$$

と表すこともできる($x<0$ のときも同様)．

　[例1]　3次関数の近似式(3.38)，(3.39)をマクローリン展開の形で表す．

　まず(3.38)を $f(x)=1+3x+R_2(x)$ と書くと，(3.47)より

$$R_2(x) = \frac{1}{2!}f''(\theta x)x^2 = \frac{1}{2}\times 6(1+\theta x)x^2 = 3(1+\theta x)x^2$$

である．展開式ともともとの3次関数の式(3.37)と比較すると，この場合は $\theta = \dfrac{1}{3}$ になっていることがわかる．次に(3.39)を $f(x)=1+3x+3x^2+R_3(x)$ と書くと，やはり(3.47)を用いて

$$R_3(x) = \frac{1}{3!}f'''(\theta x)x^3$$

を得る．ところが $f'''(x)=6$ であるから $R_3(x)=x^3$ である．当然のことであるが，これは $f(x)-(1+3x+3x^2)$ に等しい．∎

例題 3-3　関数 $f(x) = \dfrac{1}{1-x}$ をマクローリン展開せよ.

〔解〕　関数の微分を計算すると $k = 0, 1, 2, \cdots$ に対して

$$f^{(k)}(x) = \frac{k!}{(1-x)^{k+1}}$$

を得る. すなわち $f^{(k)}(0) = k!$ である. これを(3.43)および(3.47)に代入して,

$$\frac{1}{1-x} = 1 + x + x^2 + \cdots + x^n + \frac{x^{n+1}}{(1-\theta x)^{n+2}} \qquad (0 < \theta < 1)$$

となる. ∎

　ここで応用上よく用いられる関数のマクローリン展開の例をあげておこう.
以下の式で θ はすべて $0 < \theta < 1$ を満たしている.

　(1)　任意の実数 α に対して,

$$(1+x)^\alpha = 1 + \alpha x + \frac{\alpha(\alpha-1)}{2!}x^2 + \cdots + \frac{\alpha(\alpha-1)\cdots(\alpha-n+1)}{n!}x^n + R_{n+1}(x)$$
$$R_{n+1}(x) = \frac{\alpha(\alpha-1)\cdots(\alpha-n)}{(n+1)!}(1+\theta x)^{\alpha-n-1}x^{n+1} \tag{3.48}$$

とくに $\alpha = n$ とすると $R_{n+1}(x) = 0$ となり, (3.48)の右辺は $\sum_{k=0}^{n}\binom{n}{k}x^k$ の2項展開となる. すなわち, (3.48)は2項定理を α が自然数でない場合に拡張したものである. また例題3-3の結果は(3.48)で $\alpha = -1$, $x \to -x$ としたものである.

　(2)　$e^x = 1 + x + \dfrac{1}{2!}x^2 + \cdots + \dfrac{1}{n!}x^n + R_{n+1}(x)$

$$R_{n+1}(x) = \frac{1}{(n+1)!}e^{\theta x}x^{n+1} \tag{3.49}$$

　(3)　$\cos x = 1 - \dfrac{1}{2!}x^2 + \cdots + \dfrac{(-1)^n}{(2n)!}x^{2n} + R_{2n+2}(x)$

$$R_{2n+2}(x) = \frac{(-1)^{n+1}}{(2n+2)!}\cos(\theta x)x^{2n+2} \tag{3.50}$$

(4) $\sin x = x - \dfrac{1}{3!}x^3 + \cdots + \dfrac{(-1)^{n-1}}{(2n-1)!}x^{2n-1} + R_{2n+1}(x)$

$\qquad R_{2n+1}(x) = \dfrac{(-1)^n}{(2n+1)!}\cos(\theta x)x^{2n+1}$

(3.51)

(5) $\ln(1+x) = x - \dfrac{1}{2}x^2 + \cdots + \dfrac{(-1)^{n-1}}{n}x^n + R_{n+1}(x)$

$\qquad R_{n+1}(x) = \dfrac{(-1)^n}{n+1}\dfrac{1}{(1+\theta x)^{n+1}}x^{n+1}$

(3.52)

ランダウの記号　ラグランジュの剰余項 $R_{n+1}(x)$ の厳密な式の形にこだわらないときには便利な表現がある．ある x の関数 $f(x)$ について，$\lim\limits_{x\to 0}f(x)/x^n = 0$ となるとき $f(x) = o(x^n)$ と表す．また $x\to 0$ として $0 < |f(x)/x^n| < M$（ただし M は x によらない数）となるとき $f(x) = O(x^n)$ と表す．これらの o, O を**ランダウ(Landau)の記号**という．x の次数(order)を示すのでオーというわけである．これらの記号を用いると，(3.46)は $R_{n+1}(x) = o(x^n)$ または $O(x^{n+1})$ と書ける．細かい数値を気にしないで，小さくなる程度だけを知っておきたいときに役立ち，応用上よく使われる記号である．

[例2]　$\sin x$ のマクローリン展開の式(3.51)において $n = 3$ の場合をランダウの記号で表す．

$$\sin x = x - \frac{1}{6}x^3 + \frac{1}{120}x^5 + o(x^6) = x - \frac{1}{6}x^3 + \frac{1}{120}x^5 + O(x^7) \quad \blacksquare$$

テイラー展開　マクローリン展開は $x = 0$ のまわりの展開式であるが，0 の代りに a とした式もまったく同じようにして導くことができる．(3.43)の右辺で 0 の代りに a，x の代りに $x-a$ とすればよい．そうして得られる式，

$$f(x) = f(a) + f'(a)(x-a) + \frac{1}{2!}f''(a)(x-a)^2 + \cdots$$

$$\qquad + \frac{1}{n!}f^{(n)}(a)(x-a)^n + R_{n+1}(x) \qquad (3.53)$$

$$R_{n+1}(x) = \frac{1}{(n+1)!}f^{(n+1)}(a+\theta(x-a))(x-a)^{n+1} \qquad (0<\theta<1)$$

を**テイラー展開**という．逆にマクローリン展開はテイラー展開で $a = 0$ とした

場合であるといってよい．なおランダウの記号を用いると上の $R_{n+1}(x)$ は $o((x-a)^n)$ もしくは $O((x-a)^{n+1})$ と表すことができる．

たとえば $n=1$ のとき，

$$f(x) = f(a)+f'(a)(x-a)+o(x-a) \qquad (3.54)$$

もしくは

$$f(x) = f(a)+f'(a)(x-a)+O((x-a)^2) \qquad (3.55)$$

というわけである．

　　[**例3**]　指数関数 $f(x)=e^x$ を $x=2$ のまわりで展開した式を求める．

$$f(x) = f'(x) = \cdots = f^{(n+1)}(x) = e^x, \qquad f(2) = f'(2) = \cdots = f^{(n)}(2) = e^2$$

であるので，(3.53)から

$$e^x = e^2+e^2(x-2)+\cdots+\frac{1}{n!}e^2(x-2)^n+\frac{1}{(n+1)!}e^{2+\theta(x-2)}(x-2)^{n+1} \quad (0<\theta<1)$$

となる．▌

　　テイラー展開の式(3.53)で $n=0$ の場合を書き下すと，

$$f(x) = f(a)+f'(a+\theta(x-a))(x-a)$$

となる．いま $x \to a+\Delta x$ とすると上式は平均値の定理の式(3.30)に他ならない．すなわち，テイラー展開は平均値の定理を一般化したものであるということもできるのである．

　　テイラー級数　　マクローリン展開(3.43)を関数 $f(x)$ の近似式と考えたとき，n を大きくしていけば近似はよくなると期待できる．それでは $n\to\infty$ としたときにはどうなるであろうか．剰余項の列 $R_1(x), R_2(x), \cdots, R_n(x), \cdots$ について，もし $\lim_{n\to\infty} R_n(x)=0$ が成り立つときには

$$f(x) = \sum_{k=0}^{\infty} \frac{f^{(k)}(0)}{k!}x^k = f(0)+f'(0)x+\cdots+\frac{f^{(n)}(0)}{n!}x^n+\cdots \quad (3.56)$$

と無限級数の形に書くことができる．これを**マクローリン級数**という．同様にテイラー展開で $n\to\infty$ の極限をとった式

$$f(x) = \sum_{k=0}^{\infty} \frac{f^{(k)}(a)}{k!}(x-a)^k = f(a)+f'(a)(x-a)+\cdots+\frac{f^{(n)}(a)}{n!}(x-a)^n+\cdots$$

$$(3.57)$$

をテイラー級数という.

条件 $\lim_{n\to\infty} R_n(x) = 0$ が成り立つためには,x がどんな値であってもいいわけではない.第7章で示すように,級数が収束するためには,x の範囲に制限がつく.マクローリン展開の例をあげた関数について,マクローリン級数が収束するための x の範囲を与えておこう.

(1) $\quad (1+x)^\alpha = 1 + \alpha x + \cdots + \dfrac{\alpha(\alpha-1)\cdots(\alpha-n+1)}{n!}x^n + \cdots \qquad (-1 < x < 1)$

$$(3.58)$$

(2) $\quad e^x = 1 + x + \cdots + \dfrac{1}{n!}x^n + \cdots \qquad (-\infty < x < \infty)$ $\qquad(3.59)$

(3) $\quad \cos x = 1 - \dfrac{1}{2}x^2 + \cdots + \dfrac{(-1)^n}{(2n)!}x^{2n} + \cdots \qquad (-\infty < x < \infty)$ $\qquad(3.60)$

(4) $\quad \sin x = x - \dfrac{1}{3!}x^3 + \cdots + \dfrac{(-1)^{n-1}}{(2n-1)!}x^{2n-1} + \cdots \qquad (-\infty < x < \infty)$ $\;(3.61)$

(5) $\quad \ln(1+x) = x - \dfrac{1}{2}x^2 + \cdots + \dfrac{(-1)^{n-1}}{n}x^n + \cdots \qquad (-1 < x < 1)$ $\quad(3.62)$

収束の様子を具体例で見ておくことにしよう.対数関数のマクローリン級数(3.62)で,右辺の項数を増していったときの近似式のグラフを示したのが図3-5である.図中太い実線は $\ln(1+x)$ を描いたもの,細い実線は(3.62)の右辺でそれぞれ番号を付けた項数までとって得られる式を図示したものである.級数が収束する範囲 $-1 < x < 1$ では級数の部分和が $\ln(1+x)$ をよく近似していることが見てとれるであろう.逆に範囲外ではまったく近似していないことにも注意してほしい.

オイラーの公式の再定義　2-2節で指数関数と三角関数を関係づけるオイラーの公式(2.17)を定義した.じつはこの公式は,それらの関数のマクローリン級数の表現を用いると自然に導入できるものである.すなわち,指数関数に対するマクローリン級数の式(3.59)で $x = i\theta$(θ は実数)とし,実数部分と虚数部分にわけると,

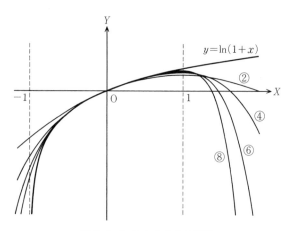

図 3-5 $\ln(1+x)$ とその近似

$$e^{i\theta} = 1 + i\theta + \frac{1}{2!}(i\theta)^2 + \frac{1}{3!}(i\theta)^3 + \cdots + \frac{1}{n!}(i\theta)^n + \cdots$$

$$= \left\{ 1 - \frac{1}{2!}\theta^2 + \cdots + \frac{(-1)^n}{(2n)!}\theta^{2n} + \cdots \right\}$$

$$+ i\left\{ \theta - \frac{1}{3!}\theta^3 + \cdots + \frac{(-1)^{n-1}}{(2n-1)!}\theta^{2n-1} + \cdots \right\}$$

となる．ところが右辺は(3.60),(3.61)より $\cos\theta + i\sin\theta$ に等しい．すなわち，この $e^{i\theta}$ の展開式をオイラーの公式の定義と考えてもよいのである．

3-5　微分方程式

本章の冒頭で述べたように，微積分学の始まりは物体の運動の研究にあった．変化する事象を扱うのに，ある関数の微分を含む方程式，すなわち微分方程式が重要な役割を果すのである．ここでは簡単な例について微分方程式がどういうものかを見ておくことにしよう．

　ねずみ算の式　　まず1-4節例5で取り上げた漸化式を考える．変量 a_n を $f(n)$ と書きかえると漸化式(差分方程式)は

$$f(n+1)-f(n) = \alpha f(n) \tag{3.63}$$

と表すことができる．この式はたとえば $f(n)$ を時刻 n におけるねずみの数，α（>0）を増殖率すなわち単位時間当りの増え高と考えると，ねずみ算の式といってよい．1-4 節の結果を用いると，解は

$$f(n) = (1+\alpha)^n f(0) \tag{3.64}$$

で与えられる．最初 $f(0)$ 匹いたねずみが時間とともに $1+\alpha$ 倍ずつ増加している状態を表しているのである．最初の数 $f(0)$ を**初期条件**という．

さて，(3.63)で n の代りに t，$n+1$ の代りに $t+\Delta t$ と書くことにする．すなわち，とびとびの時間を連続的な時間に見直すのである．すると(3.63)は

$$\frac{f(t+\Delta t)-f(t)}{\Delta t} = \alpha f(t) \tag{3.65}$$

と書かれることになる．また解は

$$f(t) = (1+\alpha\Delta t)^n f(0) \tag{3.66}$$

となっている．(3.65)で $\Delta t \to 0$ の極限をとると，(3.6)と同様にして

$$\frac{df(t)}{dt} = \alpha f(t) \tag{3.67}$$

が得られる．この式が関数 $f(t)$ とその導関数を含むもっとも簡単な微分方程式である．(3.67)が

$$f(t) = e^{\alpha t} f(0) \tag{3.68}$$

の解をもつことは(3.8)と合成関数の微分の公式を用いて直接確かめることができる．ところでこの解は差分方程式の解(3.66)と矛盾しないものであってほしい．そのことを調べておこう．

いま(3.66)で $\Delta t = t/n$ と書きかえ，$\Delta t \to 0$ すなわち $n \to \infty$ の極限をとる．すると，(2.43)から

$$f(t) = \left(1+\frac{\alpha t}{n}\right)^n f(0) \xrightarrow[n\to\infty]{} e^{\alpha t} f(0)$$

となり，確かに極限下で(3.68)の解に移行することが分る．なお，この結果は指数関数 $y=e^x$ の $x=0$ における接線の傾きが 1 であるという事実の別の証明を与えていることを注意しておこう．

運動の式　3-2節で触れたように，物体の運動を調べるときには，2階導関数を含む微分方程式がしばしば用いられる．ここではそのような方程式の例を2つあげておこう．

[**例1**]　微分方程式

$$\frac{d^2}{dx^2}f(x)-f(x) = 0 \tag{3.69}$$

の解を求める．

　$f(x)=e^{\lambda x}$ を代入すると，$(\lambda^2-1)e^{\lambda x}=0$ となり，$\lambda=\pm1$ のとき解になる．すなわち，$f_1(x)=e^x$, $f_2(x)=e^{-x}$ の2つの解が存在する．ところで(3.69)は $f(x)$ の1次の項しか含んでおらず，線形方程式である．したがって，1-4節例6と同様，$f_1(x)$ と $f_2(x)$ の線形結合もやはり解になる．すなわち，

$$f(x) = c_1e^x+c_2e^{-x} \qquad (c_1, c_2 \text{は定数}) \tag{3.70}$$

が(3.69)の解である．この解は2つの定数を含んでおり，**一般解**という．たとえば $f(0)$ と $f(1)$ の値もしくは $x=0$ における f と df/dx の値を指定することによって，これらの定数は決定する．

　なお，$e^{\pm x}$ が解であることは次のようにしても示すことができる．(3.69)を微分作用素を用いた形で表すと，

$$\left(\frac{d^2}{dx^2}-1\right)f(x) = 0 \tag{3.71}$$

となる．ところで上式は次のように作用素を「因数分解」することができる．

$$\left(\frac{d}{dx}+1\right)\left(\frac{d}{dx}-1\right)f(x) = 0 \tag{3.72}$$

ただし，$\dfrac{d}{dx}\cdot\dfrac{d}{dx}$ は $\dfrac{d^2}{dx^2}$，また $\dfrac{d}{dx}\cdot1$, $1\cdot\dfrac{d}{dx}$ は $\dfrac{d}{dx}$ と解釈する．実際，(3.72)の右辺は $\left(\dfrac{d}{dx}+1\right)\left(\dfrac{d}{dx}f(x)-f(x)\right)$ と変形でき，さらに $\dfrac{d^2}{dx^2}f(x)$ $-\dfrac{d}{dx}f(x)+\dfrac{d}{dx}f(x)-f(x)=\left(\dfrac{d^2}{dx^2}-1\right)f(x)$ となって，(3.71)の右辺と一致する．(3.72)から $\left(\dfrac{d}{dx}+1\right)f(x)=0$ を満たす $f(x)$ が1つの解であることがわかる．同様に，$\left(\dfrac{d}{dx}-1\right)f(x)=0$ を満たす $f(x)$ も1つの解である．これら

の微分方程式は(3.67)で $\alpha=\pm1$ としたものであり，（定数・$e^{\pm x}$）がそれぞれの解になっているのである．▎

[例2]　微分方程式

$$\frac{d^2}{dx^2}f(x)+f(x) = 0 \tag{3.73}$$

の解を求める．

$f(x)=e^{\lambda x}$ を代入すると，$(\lambda^2+1)e^{\lambda x}=0$ となり，$\lambda=\pm i$ のとき解になる．すなわち $f_1(x)=e^{ix}$，$f_2(x)=e^{-ix}$ の2つの解が存在する．例1と同様，それらの線形結合

$$f(x) = c_1 e^{ix}+c_2 e^{-ix} \tag{3.74}$$

が一般解である．ところでオイラーの公式(2.17)を用いると，上式は

$$f(x) = c_1(\cos x+i \sin x)+c_2(\cos x-i \sin x)$$
$$= (c_1+c_2)\cos x+i(c_1-c_2)\sin x$$

と変形できる．ここで定数を $c_1+c_2=C_1$，$i(c_1-c_2)=C_2$ と書きかえると，

$$f(x) = C_1\cos x+C_2 \sin x \tag{3.75}$$

と表すこともできる．▎

　現象を解析する際には，こうした例を含むさまざまな微分方程式の解を求めることが必要となる．詳しいことは，本シリーズ第3巻の『常微分方程式』を参照してほしい．

第3章　演習問題

[1]　次の関数の微分可能性を調べよ.

(a)　$f(x) = \begin{cases} x \sin \dfrac{1}{x} & (x \neq 0 \text{ のとき}) \\ 0 & (x = 0 \text{ のとき}) \end{cases}$

(b)　$f(x) = \begin{cases} x^2 \sin \dfrac{1}{x} & (x \neq 0 \text{ のとき}) \\ 0 & (x = 0 \text{ のとき}) \end{cases}$

[2]　以下の関数を微分せよ.

(a)　$(2x^2+1)(3x+2)^2$　　　(b)　$\dfrac{x^2+x+1}{x+1}$

(c)　$\sqrt{x^2-1}$　　　　　　(d)　$\ln|\tan x|$

(e)　$\ln(x+\sqrt{x^2-1})$　　　(f)　x^x

(g)　$\tan^{-1}x$　　　　　　(h)　$\dfrac{1}{2}(x\sqrt{1-x^2}+\sin^{-1}x)$

[3]　次の関数の n 次導関数を求めよ.

(a)　$\dfrac{1}{x^2-4x+3}$　　　(b)　$e^x \sin x$

[4]　次の関数の極値を求め, そのグラフの概形を描け.

(a)　x^4-4x^3　　　(b)　xe^{-x}

[5]　平均値の定理の1つの表現
$$f(a+\Delta x) = f(a) + \Delta x f'(a+\theta \Delta x) \qquad (0<\theta<1)$$
において, $\Delta x \to 0$ のとき $\theta \to \dfrac{1}{2}$ であることを示せ. ただし, $f''(x)$ は a において連続かつ $f''(a) \neq 0$ とする.

[6]　次の関数のマクローリン展開の x の4次までの項を求め, 剰余をランダウの記号で書き下せ.

(a)　$\tan^{-1}x$　　　(b)　$\mathrm{sech}^2 x$

[7]　微分方程式
$$\frac{d^2}{dx^2}f(x) + 2\frac{d}{dx}f(x) + 3f(x) = 0$$
の一般解を求めよ.

4 積　分

前章の微分と本章の積分は表裏一体の関係にある．ある量の変化する過程を微分で表したとき，その量自身を得ようとする操作が積分である．もともと図形の面積を求める手段であった積分が，どのように微分とかかわるのか．本章ではその内容を順に見ていくことにする．

4-1　定積分

定積分の定義　　古くから図形の面積を図形の細分割によって求めるということが行なわれていた（求積法）．それを数学的に正確に表したのが**定積分**（definite integral）である．具体的にどういうものかを見てみよう．

関数 $f(x)$ が閉区間 $[a, b]$ で連続であり，かつ $f(x) \geqq 0$ であるとする．図 4-1 のように区間 $[a, b]$ を

$$a = x_0 < x_1 < x_2 < \cdots < x_{n-1} < x_n = b$$

と n 個の小さな区間 $[x_{k-1}, x_k]$ （$k = 1, 2, \cdots, n$）に分割する．そして $[x_{k-1}, x_k]$ から 1 点をとる．すなわち，$x_{k-1} \leqq \xi_k \leqq x_k$ を満たす点 ξ_k を定める．また $[x_{k-1}, x_k]$ における $f(x)$ の最小値を m_k，最大値を M_k とする．さらに，$\Delta x_k = x_k - x_{k-1}$ として 3 つの和

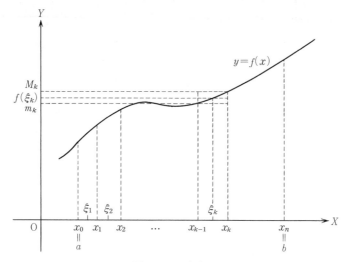

図 4-1　区分求積

$$R_n = \sum_{k=1}^{n} m_k \varDelta x_k = m_1 \varDelta x_1 + m_2 \varDelta x_2 + \cdots + m_n \varDelta x_n \qquad (4.1\text{a})$$

$$S_n = \sum_{k=1}^{n} f(\xi_k) \varDelta x_k = f(\xi_1) \varDelta x_1 + f(\xi_2) \varDelta x_2 + \cdots + f(\xi_n) \varDelta x_n \qquad (4.1\text{b})$$

$$T_n = \sum_{k=1}^{n} M_k \varDelta x_k = M_1 \varDelta x_1 + M_2 \varDelta x_2 + \cdots + M_n \varDelta x_n \qquad (4.1\text{c})$$

を考える. このうち S_n をとくにリーマン(Riemann)和ということがある. 各区間で $m_k \leqq f(\xi_k) \leqq M_k$ が満たされているので

$$R_n \leqq S_n \leqq T_n \qquad (4.2)$$

が成り立つ. 区間 $[a, b]$ 全体での $f(x)$ の最小値を m, 最大値を M とすると, さらに,

$$m(b-a) \leqq R_n \leqq S_n \leqq T_n \leqq M(b-a) \qquad (4.3)$$

も成り立つ.

　ここで, 小区間の個数をどんどん増やし, あわせて各区間の幅を限りなく小さくする極限を考える. すなわち $n \to \infty$ かつ $\max \varDelta x_k \to 0$ とするのである. こ

のとき,

$$\lim_{n\to\infty} R_n = \lim_{n\to\infty} T_n = S \tag{4.4}$$

になるとすると, 第1章例題1-4の「はさみうちの原理」により, R_n と T_n の間にある S_n も同じ極限値 S に収束することになる. この極限値を関数 $f(x)$ の a から b までの**定積分**といい, $\int_a^b f(x)dx$ と表す. すなわち

$$\int_a^b f(x)dx = \lim_{n\to\infty} \sum_{k=1}^n f(\xi_k)\varDelta x_k \tag{4.5}$$

である. なお a, b それぞれを積分の**下限**, **上限**という. またこのような極限が存在するとき, 関数 $f(x)$ は $[a,b]$ で**リーマン積分可能**であるという. 記号 $\int$ は S を引き伸ばしたものであり, 上式は大ざっぱにいって関数 $f(x)$ と小さな区間 dx を掛けて足しあわせることを意味している.

図形の面積　冒頭で $f(x)$ は $[a,b]$ で非負としたが, この場合, 定積分はちょうど $y=f(x)$, $x=a$, $x=b$ および X 軸で囲まれる面積になっている.

［例1］　関数 $y=x^2$, $x=0$, $x=1$, X 軸で囲まれる面積を定積分の定義にもとづいて計算する.

図4-2のように区間 $[0,1]$ を n 等分し, $x_0=0$, $x_1=\dfrac{1}{n}$, $\cdots$, $x_k=\dfrac{k}{n}$, $\cdots$, $x_n=1$ とする. 式(4.1)の $\varDelta x_k$ は $\dfrac{1}{n}$ であり, $n\to\infty$ のとき $\varDelta x_k\to 0$ となる. また $[0,1]$ で $y=x^2$ は単調増加関数であり, (4.1a)の m_k は $\left(\dfrac{k-1}{n}\right)^2$, (4.1c)の M_k は $\left(\dfrac{k}{n}\right)^2$ となる. このとき,

$$R_n = \sum_{k=1}^n \left(\frac{k-1}{n}\right)^2\times\frac{1}{n} = \frac{1}{n^3}\sum_{k=1}^n (k^2-2k+1)$$

$$= \frac{1}{n^3}\left\{\frac{n(n+1)(2n+1)}{6}-2\times\frac{n(n+1)}{2}+1\right\}\xrightarrow[n\to\infty]{}\frac{1}{3}$$

$$T_n = \sum_{k=1}^n \left(\frac{k}{n}\right)^2\times\frac{1}{n} = \frac{1}{n^3}\sum_{k=1}^n k^2$$

$$= \frac{1}{n^3}\times\frac{n(n+1)(2n+1)}{6}\xrightarrow[n\to\infty]{}\frac{1}{3}$$

となり, (4.1b)の S_n も $n\to\infty$ のとき $\dfrac{1}{3}$ に収束する. したがって, 面積は $\int_0^1 x^2dx=\dfrac{1}{3}$ となる. ∎

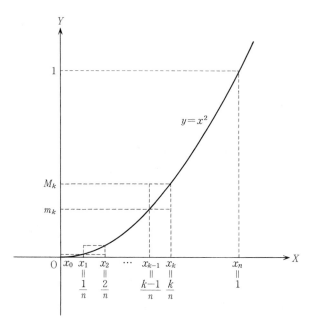

図 4-2　面積の計算

　なお定積分の定義からわかるように，関数 $f(x)$ に負の部分があれば，その部分の面積を負であると考えて，やはり $\displaystyle\int_a^b f(x)dx$ は図形の面積を表すことになる（図 4-3）.

　積分可能性　　これまで定積分を定義し，積分の値が面積に相当していることを見てきた．それでは，どのような関数がリーマン積分可能で面積が存在するのだろうか．一般的な関数を考えたとき，この問題に答えるのはそれほど簡単なことではない．ここでは理工学の応用上重要なクラスの関数について，リーマン積分可能性に関する命題を与えておくことにしよう（証明は第 7 章で行なう）.

　命題 4-1　関数 $f(x)$ が区間 $[a,b]$ で区分的に連続ならばリーマン積分可能である，すなわち $\displaystyle\int_a^b f(x)dx$ が存在する．ただし，区分的に連続とは，図 4-4 のように $[a,b]$ 上でたかだか有限個の点 $c_1, c_2, \cdots, c_l$ を除いて連続で，

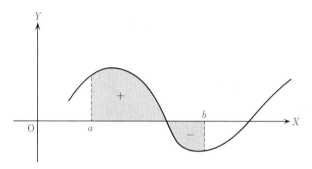

図 4-3 符号付き面積

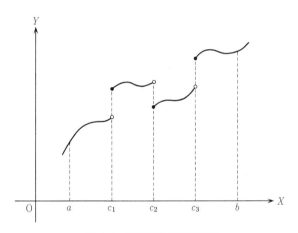

図 4-4 区分的に連続な関数

各点 c_k $(k=1, 2, \cdots, l)$ で左右の極限値 $\lim\limits_{x \to c_k \pm 0} f(x)$ および a で右極限値 $\lim\limits_{x \to a+0} f(x)$, b で左極限値 $\lim\limits_{x \to b-0} f(x)$ が存在することをいう.

[例 2] 2-3 節例 2 の符号関数 $\mathrm{sgn}\, x$ は区分的に連続であり，符号付きの面積を考えることにより

$$\int_{-2}^{2} \mathrm{sgn}\, x \, dx = 0 \qquad (4.6)$$

となる. ▌

　最後に積分可能でなく, したがって面積をもたない例を1つ見ておこう. 有理数の点で1, 無理数の点で0の値をとる関数$f(x)$を考える. これをディリクレ(Dirichlet)関数という. この関数の$\int_0^1 f(x)dx$は存在するだろうか. 区間$[0,1]$の中のどんな小区間$[x_{k-1}, x_k]$をとっても, そこでの$f(x)$の最大値は1, 最小値は0となる. したがって$(4.1a)$のR_nは0, $(4.1c)$のT_nは1である. 小区間の幅をどんどん小さくしていってもこの事実は変らず, (4.4)は成り立たない. すなわち, $f(x)$はリーマン積分可能でないということになる. こうした関数を扱うために, 拡張された積分(ルベーグ積分)が定義されているが, ここではその詳細に立ち入らない.

　定積分の性質　　定積分は次のような性質をもっている. ただし, 以下で$f(x)$, $g(x)$は閉区間$[a,b]$で区分的に連続であるとする.

　(1)　c_1, c_2を定数としたとき,

$$\int_a^b \{c_1 f(x) + c_2 g(x)\}dx = c_1 \int_a^b f(x)dx + c_2 \int_a^b g(x)dx \tag{4.7}$$

すなわち, 積分という操作と定数をかけて加えるという操作は逆にできるというわけである. 微分と同様, この性質を**積分操作の線形性**という.

　[例3]　$\displaystyle\int_0^1 (2x^2 + 3x)dx = 2\int_0^1 x^2 dx + 3\int_0^1 x dx = 2 \times \frac{1}{3} + 3 \times \frac{1}{2} = \frac{13}{6}$

ただし, $\int_0^1 x^2 dx$の値は例1の結果, $\int_0^1 x dx$の値は$y=x$, $x=0$, $x=1$, X軸で囲まれる面積の値を用いている. ▌

　(2)　$a < c < b$のとき,

$$\int_a^b f(x)dx = \int_a^c f(x)dx + \int_c^b f(x)dx \tag{4.8}$$

これは積分区間を好きなように分けてよいことを意味している. また

$$\int_a^b f(x)dx = -\int_b^a f(x)dx \tag{4.9}$$

が成り立つ. この式を使うと(4.8)の点cは$[a,b]$の外にあってもよいことになる.

(3) 区間 $[a, b]$ で $f(x) \geqq g(x)$ のとき

$$\int_a^b f(x)dx \geqq \int_a^b g(x)dx \qquad (4.10)$$

とくに $g(x) \equiv 0$ のとき，すなわち $f(x) \geqq 0$ のとき

$$\int_a^b f(x)dx \geqq 0 \qquad (4.11)$$

である．

(4) $$\left|\int_a^b f(x)dx\right| \leqq \int_a^b |f(x)|dx \qquad (4.12)$$

すなわち積分の絶対値は，絶対値を積分したものの値を越えない．

[例4] $$\left|\int_0^\pi \sin x \, dx\right| \leqq \int_0^\pi |\sin x|dx \leqq \int_0^\pi 1dx = \pi$$

ただし，最初の不等号は(4.12)，2番目の不等号は(4.10)式を用いている．また，最後の等式は $y=0, 1$，$x=0, \pi$ で囲まれる矩形の面積の値を用いている． ▮

(5) **積分に関する平均値の定理** 関数 $f(x)$ が $[a, b]$ で連続のとき，

$$\int_a^b f(x)dx = f(c)(b-a) \qquad (ただし a<c<b) \qquad (4.13)$$

となる点 c が存在する．

(6) **シュワルツ(Schwarz)の不等式**

$$\left\{\int_a^b f(x)g(x)dx\right\}^2 \leqq \int_a^b f(x)^2 dx \int_a^b g(x)^2 dx \qquad (4.14)$$

以上の性質のうち(1)～(4)はすべて定積分の定義(4.5)を用いることによって証明することができる．たとえば(4.12)の場合，3角不等式

$$\left|\sum_{k=1}^n f(\xi_k)\Delta x_k\right| \leqq \sum_{k=1}^n |f(\xi_k)|\Delta x_k$$

に気づき，両辺で $\max \Delta x_k \to 0$，$n \to \infty$ の極限をとればよい．他の式も同様である．

性質(5)を示すためには2-3節であげた中間値の定理を用いる．まず，区間

$[a, b]$ における $f(x)$ の最大値を M, 最小値を m とすると,

$$m(b-a) \leqq \int_a^b f(x)dx \leqq M(b-a)$$

が成り立つ. この式は $m \leqq f(x) \leqq M$ を a から b まで積分して得られるものである. 上式は

$$m \leqq \frac{1}{b-a}\int_a^b f(x)dx \leqq M \tag{4.15}$$

と書きかえてもよい. m と M の間の値をとる連続関数 $f(x)$ に中間値の定理を用いると, $f(c)$ が(4.15)の真ん中の項に一致する点 c が区間 (a, b) に少なくとも1つ存在することになる. これが(4.13)の c である. (4.15)の真ん中の項は区間 $[a, b]$ における $f(x)$ の平均値と呼ばれることがある. それが性質(5)を積分の平均値の定理というゆえんである.

　最後に性質(6)を示そう. 任意の実数 λ に対して, (4.11)から

$$\int_a^b \{f(x)-\lambda g(x)\}^2 dx \geqq 0$$

が得られる. (4.7)を用いると, 上式は

$$\lambda^2 \int_a^b g(x)^2 dx - 2\lambda \int_a^b f(x)g(x)dx + \int_a^b f(x)^2 dx \geqq 0$$

となる. この不等式が成立するためには λ の2次式の判別式が非正でなければならず,

$$\left\{\int_a^b f(x)g(x)dx\right\}^2 - \int_a^b f(x)^2 dx \int_a^b g(x)^2 dx \leqq 0$$

となる. これは(4.14)に他ならない.

4-2　不定積分

原始関数　ある与えられた関数 $g(x)$ を 微分して $f(x)$ となる, すなわち

$$\frac{dg(x)}{dx} = f(x) \tag{4.16}$$

としよう. この操作が微分法であった. それでは逆に, 関数 $f(x)$ が与えられ
ているとき(4.16)で定まる $g(x)$ を求めるにはどうすればよいか. それが不定
積分法という操作である. この操作は, 前節の図形の面積を求める定積分と密
接に関係しているので, 同じ名前が用いられている.

(4.16)を満たす $g(x)$ を $f(x)$ の**原始関数**(primitive function)という. たと
えば, $f(x)=1$ のとき, $g(x)=x$ は原始関数である. しかし, 微分法の規則か
ら, $g(x)=x+C$ (C は定数) も原始関数となる. すなわち, 原始関数に定数を
加えてもまた原始関数となるのである. このような $f(x)$ の原始関数全体を
$\int f(x)dx$ と表し**不定積分**(indefinite integral)と呼ぶ. また $f(x)$ を**被積分関
数**という.

[例1]
$$\int 2dx = 2x+C$$

$$\int (x^2+2x)dx = \frac{1}{3}x^3+x^2+C$$

$$\int \sin x\, dx = -\cos x+C$$

が成り立つ. ただし C は定数であり, とくに**積分定数**という. これらの結果
はすべて右辺を微分すると左辺の被積分関数になることを計算して確かめるこ
とができる. なお2つ目の例は定積分の性質(4.7)と同様, 不定積分も

$$\int \{c_1 f_1(x)+c_2 f_2(x)\}dx = c_1\int f_1(x)dx+c_2\int f_2(x)dx \qquad (4.17)$$

の線形性をもっていることを示している. ▮

例1のようにある関数の導関数がわかっているとき, その逆を考えて不定積
分が求まる. 以下そのようにして得られ応用上よく用いられる不定積分の例を
あげておく. なお, 今後とくに必要でないかぎり, 積分定数は省略していちい
ち書かないことにする.

不定積分の例

$$\int x^\alpha dx = \frac{1}{\alpha+1}x^{\alpha+1} \qquad (ただし \ \alpha \neq -1) \qquad (4.18)$$

$$\int \frac{1}{x} dx = \ln|x| \tag{4.19}$$

$$\int e^x dx = e^x \tag{4.20}$$

$$\int a^x dx = \frac{a^x}{\ln a} \qquad (ただし\ a>0,\ a\neq1) \tag{4.21}$$

$$\int \sin x\, dx = -\cos x \tag{4.22}$$

$$\int \cos x\, dx = \sin x \tag{4.23}$$

$$\int \tan x\, dx = -\ln|\cos x| \tag{4.24}$$

$$\int \sec^2 x\, dx = \tan x \tag{4.25}$$

$$\int \mathrm{cosec}^2 x\, dx = -\cot x \tag{4.26}$$

$$\int \frac{1}{1+x^2} dx = \tan^{-1} x \tag{4.27}$$

$$\int \frac{1}{\sqrt{1-x^2}} dx = \sin^{-1} x \tag{4.28}$$

$$\int \frac{1}{x^2-a^2} dx = \frac{1}{2a} \ln\left|\frac{x-a}{x+a}\right| \tag{4.29}$$

$$\int \frac{1}{\sqrt{x^2+a}} dx = \ln|x+\sqrt{x^2+a}| \tag{4.30}$$

　不定積分はいつも導関数を用いて簡単に計算できるというわけではない．またすべての関数の不定積分が書き下せるとは限らない．しかし，適当な公式を用いて，うまく不定積分が計算できる場合がある．とくによく用いられるのがこれから述べる部分積分と置換積分である．

部分積分　　積の微分公式

$$\frac{d}{dx}\{f(x)g(x)\} = \frac{df(x)}{dx}g(x) + f(x)\frac{dg(x)}{dx} \tag{4.31}$$

を思い起そう. 両辺の不定積分を考えると, 左辺は $f(x)g(x)$ そのものになり,

$$f(x)g(x) = \int \frac{df(x)}{dx}g(x)dx + \int f(x)\frac{dg(x)}{dx}dx$$

もしくは

$$\int \frac{df(x)}{dx}g(x)dx = f(x)g(x) - \int f(x)\frac{dg(x)}{dx}dx \tag{4.32}$$

を得る. この式を**部分積分の公式**といい, さまざまな不定積分を求めるのによく用いられる.

[例2] $\int \ln|x|\,dx$ を求める.

(4.32)で $f(x)=x$, $g(x)=\ln|x|$ とすると, $df(x)/dx=1$, $dg(x)/dx=1/x$ であるから

$$\int \ln|x|\,dx = x\ln|x| - \int x\cdot\frac{1}{x}dx$$

$$= x\ln|x| - \int 1dx = x\ln|x| - x \quad \blacksquare$$

[例3] $\int x^2 e^x dx$ を求める.

(4.32)で $f(x)=e^x$, $g(x)=x^2$ とすると

$$\int x^2 e^x dx = x^2 e^x - \int e^x \cdot 2x dx$$

を得る. 右辺第2項はやはり(4.32)で $f(x)=e^x$, $g(x)=2x$ とすると

$$\int e^x \cdot 2x\,dx = 2xe^x - \int e^x \cdot 2\,dx = 2xe^x - 2e^x$$

となるので, 結局

$$\int x^2 e^x dx = x^2 e^x - (2xe^x - 2e^x) = (x^2 - 2x + 2)e^x$$

となる. $\blacksquare$

置換積分　不定積分 $\int f(x)dx$ を求めるのに適当な変数変換 $x = \varphi(t)$ を行なうと計算が簡単になることがよくある. 合成関数の微分公式(3.17)を

$$\frac{d}{dt}g(\varphi(t)) = \frac{dg(x)}{dx}\frac{d\varphi(t)}{dt} \qquad (\text{ただし } x = \varphi(t)) \qquad (4.33)$$

と書こう. 関数 $g(x)$ を $f(x)$ の原始関数, すなわち $dg(x)/dx = f(x)$ とする. このとき(4.33)の両辺の不定積分を考えると,

$$g(\varphi(t)) = \int \frac{dg(x)}{dx}\frac{d\varphi(t)}{dt}dt = \int f(x)\frac{d\varphi(t)}{dt}dt$$

すなわち,

$$\int f(x)dx = \int f(\varphi(t))\frac{d\varphi(t)}{dt}dt \qquad (\text{ただし } x = \varphi(t)) \qquad (4.34)$$

を得る. ただし右辺は得られる不定積分(t の関数)に $x = \varphi(t)$ を代入して x の関数に書き直したものを考える. 式(4.34)が**置換積分の公式**である.

　[例4] $\int (ax+b)^n dx$ (ただし $a \neq 0$, $n \neq -1$) を求める.

　(4.34)で $f(x) = (ax+b)^n$, $x = \varphi(t) = \dfrac{1}{a}(t-b)$, すなわち $t = ax+b$ とすると,

$$\int (ax+b)^n dx = \int t^n \frac{1}{a}dt = \frac{t^{n+1}}{(n+1)a} = \frac{(ax+b)^{n+1}}{(n+1)a} \quad \blacksquare$$

　[例5] (4.27)を置換積分の公式を用いて求める.

　(4.34)で $f(x) = \dfrac{1}{1+x^2}$, $x = \varphi(t) = \tan t$ とすると $\dfrac{d}{dt}(\tan t) = \dfrac{1}{\cos^2 t}$ であるから,

$$\int \frac{1}{1+x^2}dx = \int \frac{1}{1+\tan^2 t}\cdot\frac{1}{\cos^2 t}dt$$

$$= \int \frac{1}{\cos^2 t + \sin^2 t}dt = \int 1 dt = t = \tan^{-1}x \quad \blacksquare$$

　微積分学の基本定理　本節の冒頭で不定積分と定積分が密接に関係していると述べた. ここでその関係を見てみよう.

　まず, $f(x)$ を区間 $[a, b]$ で連続な関数として, 定積分

$$F(\xi) = \int_a^\xi f(x)dx \qquad (a \leqq \xi \leqq b)$$

を考える. もしくは

$$F(x) = \int_a^x f(t)dt \qquad (a \leqq x \leqq b) \tag{4.35}$$

と書いてもよい. なぜなら積分変数は何を用いてもよいからである. さて, このように定義した $F(x)$ について,

$$\begin{aligned}
\frac{F(x+\varDelta x)-F(x)}{\varDelta x} &= \frac{1}{\varDelta x}\int_a^{x+\varDelta x} f(t)dt - \frac{1}{\varDelta x}\int_a^x f(t)dt \\
&= \frac{1}{\varDelta x}\int_x^{x+\varDelta x} f(t)dt \\
&= f(c) \qquad (\text{ただし } x < c < x+\varDelta x) \tag{4.36}
\end{aligned}$$

が得られる. ただし, 第2式から第3式への書きかえには定積分の性質(2)を, 第3式から第4式への書きかえには性質(5)の平均値の定理を用いている. なお, $\varDelta x$ が正であっても負であっても上式は成立する. (4.36)で $\varDelta x \to 0$ の極限をとると,

$$\frac{dF(x)}{dx} = \frac{d}{dx}\int_a^x f(t)dt = f(x) \tag{4.37}$$

となる. すなわち $F(x)$ は $f(x)$ の原始関数になっているのである. また (4.35)の定義を用いると $a \leqq \alpha < \beta \leqq b$ を満たす任意の α, β に対して

$$F(\beta) - F(\alpha) = \int_\alpha^\beta f(x)dx \tag{4.38}$$

も成り立つ.

関係式(4.37), (4.38)を合わせて**微積分学の基本定理**という. もともと面積を求める手段であった定積分を不定積分さらには微分と結びつける重要な定理なのである.

定積分の計算　この定理を用いると, 前節の定積分の値もいちいち定義に戻って計算する必要はない. いったん原始関数がわかれば, その独立変数に定積分の上限, 下限を代入するだけでよい.

[例6] 4-1節例1の定積分 $\int_0^1 x^2 dx$ を原始関数を用いて計算する.

関数 $f(x) = x^2$ の原始関数は(4.18)より $F(x) = \dfrac{1}{3}x^3$ である.(4.38)を用いると,

$$\int_0^1 x^2 dx = \left[\frac{1}{3}x^3\right]_0^1 = \frac{1}{3} - 0 = \frac{1}{3}$$

となる. ∎

なお,(4.38)の左辺を $[F(x)]_\alpha^\beta$ と書くことがよくある.例6の解ではその表現を用いている.

例題 4-1 関数 $f(x)$ は区間 $[a, b]$ で連続であるとする.このとき関数

$$g(x) = \int_a^x (x-t)f(t)dt$$

について $dg(x)/dx,\ d^2g(x)/dx^2$ を求めよ.

[解] (4.37)を用いればよい.

$$\frac{dg(x)}{dx} = \frac{d}{dx}\left\{\int_a^x (x-t)f(t)dt\right\}$$

$$= \frac{d}{dx}\left\{x\int_a^x f(t)dt - \int_a^x tf(t)dt\right\}$$

$$= \int_a^x f(t)dt + xf(x) - xf(x) = \int_a^x f(t)dt$$

$$\frac{d^2g(x)}{dx^2} = \frac{d}{dx}\int_a^x f(t)dt = f(x) \quad ∎$$

定積分の部分積分と置換積分　　部分積分や置換積分の公式も,定積分に対してそのまま応用することができる.まず,部分積分の公式(4.32)は定積分に対して

$$\int_\alpha^\beta \frac{df(x)}{dx}g(x)dx = \left[f(x)g(x)\right]_\alpha^\beta - \int_\alpha^\beta f(x)\frac{dg(x)}{dx}dx \tag{4.39}$$

となる.また置換積分の公式(4.34)は

$$\int_\alpha^\beta f(x)dx = \int_{\alpha'}^{\beta'} f(\varphi(t))\frac{d\varphi(t)}{dt}dt, \quad x = \varphi(t) \tag{4.40}$$

である．ただし，α', β' はそれぞれ $\alpha = \varphi(\alpha')$，$\beta = \varphi(\beta')$ を満たす t の値である．

[**例7**]　$\displaystyle\int_0^1 x^2 e^x dx$ を求める．

例3の結果を用いると

$$\int_0^1 x^2 e^x dx = [(x^2 - 2x + 2)e^x]_0^1$$

$$= (1 - 2 + 2)e^1 - 2e^0 = e - 2 \quad \blacksquare$$

[**例8**]　$\displaystyle\int_0^1 \frac{1}{1+x^2} dx$ を求める．

例5の結果を用いると

$$\int_0^1 \frac{1}{1+x^2} dx = [\tan^{-1} x]_0^1 = \frac{\pi}{4} \quad \blacksquare$$

例題 4-2　$I_n = \displaystyle\int_0^{\frac{\pi}{2}} \sin^n x\, dx\ (n = 0, 1, 2, \cdots)$ の値を求めよ．

[**解**]　$I_0 = \displaystyle\int_0^{\frac{\pi}{2}} 1\, dx = \frac{\pi}{2}$，$I_1 = \displaystyle\int_0^{\frac{\pi}{2}} \sin x\, dx = \left[-\cos x\right]_0^{\frac{\pi}{2}} = 1$ である．

$n \geqq 2$ のとき，

$$I_n = \int_0^{\frac{\pi}{2}} (\sin^{n-2} x - \cos^2 x \sin^{n-2} x) dx = I_{n-2} - \int_0^{\frac{\pi}{2}} \cos^2 x \sin^{n-2} x\, dx$$

であるが，右辺第2項の積分は (4.39) で $f(x) = \dfrac{1}{n-1}\sin^{n-1} x$，$g(x) = \cos x$ とすると

$$\int_0^{\frac{\pi}{2}} \cos^2 x \sin^{n-2} x\, dx = \left[\frac{1}{n-1}\sin^{n-1} x \cos x\right]_0^{\frac{\pi}{2}} - \int_0^{\frac{\pi}{2}} \left(\frac{1}{n-1}\sin^{n-1} x\right)(-\sin x) dx$$

$$= \frac{1}{n-1} I_n$$

となる．したがって $I_n = I_{n-2} - \dfrac{1}{n-1} I_n$ すなわち，$\dfrac{n}{n-1} I_n = I_{n-2}$ の漸化式を得る．先に計算した I_0, I_1 の値を用いると，

$$I_{2m} = \frac{1 \cdot 3 \cdots (2m-1)}{2 \cdot 4 \cdots (2m)} \frac{\pi}{2}, \quad I_{2m+1} = \frac{2 \cdot 4 \cdots (2m)}{3 \cdot 5 \cdots (2m+1)} \quad ▍$$

4-3 広義積分

4-1節で定積分 $\int_a^b f(x)dx$ を議論したとき，考えている区間 $[a,b]$ は有限で，関数 $f(x)$ は(区分的に)連続であると仮定した．しかし連続でない関数や無限区間の場合にも積分が定義できることがある．

連続でない関数の積分　まず例を見てみよう．不定積分の式(4.18)を用いると，$\varepsilon > 0$，$\alpha \neq -1$ として

$$\int_\varepsilon^1 x^\alpha dx = \left[\frac{1}{\alpha+1} x^{\alpha+1} \right]_\varepsilon^1 = \frac{1}{\alpha+1}(1 - \varepsilon^{\alpha+1}) \tag{4.41}$$

が得られる．この式で $\varepsilon \downarrow 0$ すなわち正に保って 0 に近づける極限を考える．もし $\alpha < -1$ とすると $\varepsilon^{\alpha+1}$ は発散するので，積分の値は存在しない．しかし $\alpha > -1$ のときは $\varepsilon^{\alpha+1} \to 0$ となり，右辺は $\dfrac{1}{\alpha+1}$ に収束する．いま $\alpha < 0$ としよう．このとき，被積分関数 x^α は $x=0$ で連続でない．しかし $\alpha > -1$ のとき極限 $\lim_{\varepsilon \downarrow 0} \int_\varepsilon^1 x^\alpha dx$ は存在するのである．

一般に $(a,b]$ で連続であり $x=a$ で連続でない関数 $f(x)$ に対して極限 $\lim_{\varepsilon \downarrow 0} \int_{a+\varepsilon}^b f(x)dx$ が存在するとき，それを $\int_a^b f(x)dx$ と定義し**広義積分**(improper integral)という．特異積分，異常積分，変格積分といったりもするが，とくに変った積分ではない．また定積分は図形の面積に相当していたが，広義積分も同様で，積分が存在するためには面積が確定すればいいのである．たとえば上の例では，$\int_0^1 x^\alpha dx$ は X 軸，Y 軸，$x=1$ と $y=x^\alpha$ で囲まれる部分の面積を与えることになる．

[例1]　$I = \int_0^1 \dfrac{1}{\sqrt{x(1-x)}} dx$ を求める．

被積分関数は $x=0,1$ で連続でなく，広義積分である．被積分関数を整理すると

$$I = \int_0^1 \frac{2}{\sqrt{1-(2x-1)^2}} dx$$

となる. ここで $x=\frac{1}{2}(t+1)$ の置換を行なうと(4.40)より,

$$I = \int_{-1}^1 \frac{2}{\sqrt{1-t^2}} \frac{dx}{dt} dt = \int_{-1}^1 \frac{1}{\sqrt{1-t^2}} dt$$

と書きかえられる. なお式変形において, $x=\frac{1}{2}(t+1)$ から単に $dx=\frac{1}{2}dt$ としても同じ結果を得る. 不定積分の式(4.28)を用いると,

$$I = [\sin^{-1}x]_{-1}^1 = \frac{\pi}{2} - \left(-\frac{\pi}{2}\right) = \pi \quad \blacksquare$$

無限区間の積分　やはり例を見てみよう. 式(4.41)で積分の上限を $R>1$, 下限を1にすると,

$$\int_1^R x^\beta dx = \left[\frac{1}{\beta+1}x^{\beta+1}\right]_1^R = \frac{1}{\beta+1}(R^{\beta+1}-1) \tag{4.42}$$

が得られる. ここで $R\to\infty$ の極限を考える. もし $\beta>-1$ とすると $R^{\beta+1}$ は発散するので, 積分の値は存在しない. しかし $\beta<-1$ とすると, $R^{\beta+1}\to0$ となり, 右辺は $-\frac{1}{\beta+1}$ に収束する. すなわち極限 $\lim_{R\to\infty}\int_1^R x^\beta dx$ が存在することになる.

一般に $\lim_{R\to\infty}\int_a^R f(x)dx$ が存在するときそれを $\int_a^\infty f(x)dx$ と書き, やはり広義積分という. 連続でない関数の場合と同様, 面積の存在が積分の存在にかかわっている.

[例2] $I = \int_0^\infty \frac{1}{1+x^2} dx$ を求める.

不定積分の式(4.27)を用いると

$$I = [\tan^{-1}x]_0^\infty = \tan^{-1}\infty - \tan^{-1}0 = \frac{\pi}{2} - 0 = \frac{\pi}{2} \quad \blacksquare$$

なお, 連続でない関数の積分(4.41)と無限区間の積分(4.42)は本質的に同じものであることに注意しよう. すなわち, (4.41)の積分で $t=1/x$ と置換すると,

$$\int_\varepsilon^1 x^\alpha dx = \int_{1/\varepsilon}^1 \left(\frac{1}{t}\right)^\alpha \frac{-1}{t^2}dt = \int_1^{1/\varepsilon} t^{-\alpha-2}dt$$

となり，$R=1/\varepsilon$，$\beta=-\alpha-2$ と書きかえれば，(4.42)の左辺と等しくなるのである．

広義積分の存在　　さて，もっと一般的な関数について広義積分が存在するかどうかをどのように判定すればよいだろうか．上で述べた x のべきの積分の結果を援用すれば，存在判定を行なうことができる．連続でない関数，無限区間の場合，2つまとめて判定のための命題を与えておこう．

命題 4-2（広義積分の存在）

　[1]　関数 $f(x)$ は区間 $(a, b]$ で連続であるとする．ある数 $\lambda<1$，$a<x\leqq b$ に対して

$$|f(x)| \leqq \frac{M}{(x-a)^\lambda} \tag{4.43}$$

となる定数 M がとれるとき，$\displaystyle\int_a^b f(x)dx$ は存在．

　[2]　関数 $f(x)$ は区間 $[a, \infty)$ で連続であるとする．ある数 $\lambda>1$，$a\leqq x$ に対して

$$|f(x)| \leqq \frac{M}{|x|^\lambda} \tag{4.44}$$

となる定数 M がとれるとき，$\displaystyle\int_a^\infty f(x)dx$ は存在．

　これらの命題を示すためには，x^α の積分との比較を行なえばよい．[1]については，定積分の性質を用いて，まず

$$\left| \int_{a+\varepsilon}^b f(x)dx \right| \leqq \int_{a+\varepsilon}^b |f(x)|\,dx \leqq \int_{a+\varepsilon}^b \frac{M}{(x-a)^\lambda}dx$$

$$= \frac{M}{1-\lambda}\left[(x-a)^{1-\lambda}\right]_{a+\varepsilon}^b = \frac{M}{1-\lambda}\{(b-a)^{1-\lambda}-\varepsilon^{-\lambda+1}\}$$

を得る．ところが $\lambda<1$ であるから $\varepsilon\downarrow0$ のとき $\varepsilon^{-\lambda+1}\to0$ となり，

$$\lim_{\varepsilon\downarrow0}\left| \int_{a+\varepsilon}^b f(x)dx \right| \leqq \frac{M}{1-\lambda}(b-a)^{1-\lambda}$$

となる. いま $f(x) \geqq 0$ とすると, 1-4 節の命題 1-1 と同じ理由で左辺の極限は収束することがわかる. 一般の場合にも, 第 7 章で述べる級数の収束判定法を用いてやはり収束することが示せる. この証明で $t = 1/(x-a)$ の置換を行なえば, [2] も同様に成り立つことがわかる.

なお, 4-1 節であげた定積分のもつ性質は上記の 2 種類の広義積分についてもまったく同様に成り立つことを注意しておこう.

[例3] 2-2 節のガンマ関数 (2.40) は $s > 0$ のとき存在することを示す.

被積分関数は $s < 1$ のとき $x = 0$ で不連続であり, また積分は無限区間のものである. したがって

$$I_1 = \int_0^1 e^{-x} x^{s-1} dx, \qquad I_2 = \int_1^\infty e^{-x} x^{s-1} dx$$

の両方が存在するかどうかを調べる.

まず I_1 を調べる. $x > 0$ のとき,

$$\left| e^{-x} x^{s-1} \right| = \frac{\left| e^{-x} \right|}{x^{1-s}} \leqq \frac{1}{x^{1-s}}$$

が成り立つ. ところが $s > 0$ なので, 命題の [1] の条件があてはまり, I_1 は存在することになる.

次に I_2 を考える. x が十分大きいとき, e^x はどんな x のべきよりも大きくなることを思い起そう. すなわち R を大きな数として, $s > 0$, $x \geqq R$ のとき $e^{-x} x^{s+1} \leqq 1$ が成り立つ. また $1 \leqq x < R$ に対して $e^{-x} x^{s+1} \leqq M$ となる 1 より大きな定数 M をとることができる. したがって, $x \geqq 1$ に対して

$$\left| e^{-x} x^{s-1} \right| \leqq \frac{M}{x^2}$$

が成り立ち, 命題の [2] から I_2 は存在する. ∎

なおガンマ関数 $\Gamma(s)$ の $s = 1$ における値は $\Gamma(1) = \int_0^\infty e^{-x} dx = 1$ である. また 6-1 節で示すように, $\Gamma(1/2) = \sqrt{\pi}$ の値をとる.

例題 4-3 ガンマ関数 $\Gamma(s)$ について, $s > 0$ のとき $\Gamma(s+1) = s\Gamma(s)$ となることを示せ.

［解］　部分積分を行なえばよい.

$$\Gamma(s+1) = \int_0^\infty e^{-x}x^s dx$$

$$= \left[(-e^{-x})x^s\right]_0^\infty - \int_0^\infty (-e^{-x})sx^{s-1}dx$$

$$= s\int_0^\infty e^{-x}x^{s-1}dx = s\Gamma(s) \quad \blacksquare$$

とくに s が自然数 n のとき, $\Gamma(n+1)=n\Gamma(n)=n(n-1)\Gamma(n-1)=\cdots=n(n-1)\cdots2\cdot1\cdot\Gamma(1)=n!$ となる. すなわち, ガンマ関数は階乗 $n!$ を n が自然数でない場合に拡張したものと考えることができるのである.

4-4　積分の応用

微分方程式の解　4-2節で述べたように, 積分は微分と密接に関係している. すなわち, 積分は微分の逆の操作になっているのである. このことを利用して, 積分は微分方程式を解くための手段として用いられる.

たとえば, 微積分学の基本定理の式(4.37)は, $f(x)$ が与えられた関数として, $F(x)$ に対する微分方程式になっている. 両辺を積分して(4.38)を得るわけであるが, この式は F の $x=\alpha$ における値(**初期条件**)を用いて, $x=\beta$ における解 $F(\beta)$ を与えているということもできる.

3-5節で扱ったねずみ算の微分方程式(3.67)も, 同じく積分を用いて解を得ることができる. すなわち, (3.67)の両辺を $f(t)$ で割り, 変形すると

$$\frac{1}{f(t)}\frac{df(t)}{dt} = \frac{d}{dt}\ln|f(t)| = \alpha \tag{4.45}$$

を得る. この式の中辺と右辺を t について 0 から τ まで積分すると,

$$\ln|f(\tau)| - \ln|f(0)| = \int_0^\tau \alpha\, dt = \alpha\tau \tag{4.46}$$

となる. したがって,

$$\ln\left|\frac{f(\tau)}{f(0)}\right| = \alpha\tau$$

より，解

$$f(\tau) = e^{\alpha\tau}f(0) \tag{4.47}$$

が得られることになる．

　もっと一般の**変数分離型**とよばれる

$$\frac{dy}{dx} = X(x)Y(y) \tag{4.48}$$

の形の微分方程式にも同じ考え方を適用することができる．この場合，$Y(y)$ を左辺に移項したのち両辺を x で積分すればよい．すなわち，

$$\int \frac{1}{Y(y)} \frac{dy}{dx}dx = \int X(x)dx + C \tag{4.49}$$

となるが，この式の左辺は $\int dy/Y(y)$ と変形できるので，

$$\int \frac{1}{Y(y)}dy = \int X(x)dx + C \tag{4.50}$$

の積分を行なえばよいことになる．ただし，この場合，初期条件を課していないので，不定積分の積分定数 C を含んだ形の式を用いている．

　[例1]　微分方程式 $\dfrac{dy}{dx}=x(y+1)$，$y(0)=1$ を解く．

　まず，(4.50)の形に書きかえると，

$$\int \frac{1}{y+1}dy = \int x\,dx + C$$

となる．積分を実行すると，$\ln|y+1|=\dfrac{1}{2}x^2+C$ となり，これから，$y+1=e^{x^2/2+C}$ が得られる．積分定数 C の値は初期条件を用いることにより定まる．すなわち $x=0$ のとき $y=1$ を解に代入して，$2=e^C$ であり，$y=-1+2\,e^{x^2/2}$ が答である．▌

　面積の計算　　図形の面積を求めるのに定積分は有用である．実際，4-1節で指摘したように，もともと面積計算から定積分が定義されたのである．ここでは少し一般的な図形に定積分を応用することを考えてみよう．

　図4-5のように，区間 $a\leqq x\leqq b$ で $y=f(x)$ と $y=g(x)$ で囲まれている図形の面積 S を求める．この面積は，$y=f(x)$，$x=a$，$x=b$，X 軸で囲まれる面積から，$y=g(x)$，$x=a$，$x=b$，X 軸で囲まれる面積を引いたものである．な

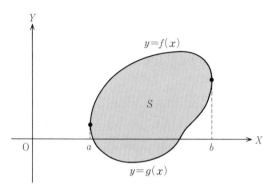

図 4-5 図形の面積

お $g(x) < 0$ のところは負の面積を考える．すると，定積分の定義から

$$S = \int_a^b f(x)dx - \int_a^b g(x)dx = \int_a^b \{f(x) - g(x)\}dx \qquad (4.51)$$

が得られる．

[例2] 図4-6のように，$x^2/4 + y^2 = 1$ で与えられる楕円で囲まれる部分の面積を求める．

楕円の方程式は $y > 0$ の上半平面で $y = \sqrt{1 - x^2/4}$，$y < 0$ の下半平面で $y = -\sqrt{1 - x^2/4}$ となる．(4.51)を用いると，

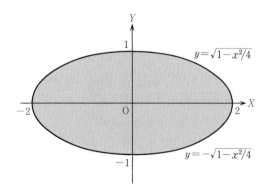

図 4-6 楕円の面積

$$S = \int_{-2}^{2} \left\{ \sqrt{1-\frac{x^2}{4}} - \left(-\sqrt{1-\frac{x^2}{4}} \right) \right\} dx = 2 \int_{-2}^{2} \sqrt{1-\frac{x^2}{4}} \, dx$$

となる. 変数変換 $x = 2\sin t$ を施して,

$$S = 2\int_{-\frac{\pi}{2}}^{\frac{\pi}{2}} \sqrt{1-\sin^2 t} \cdot 2\cos t \, dt = 4\int_{-\frac{\pi}{2}}^{\frac{\pi}{2}} \cos^2 t \, dt$$

$$= 2\int_{-\frac{\pi}{2}}^{\frac{\pi}{2}} (1+\cos 2t) dt = 2\left[t + \frac{1}{2}\sin 2t \right]_{-\frac{\pi}{2}}^{\frac{\pi}{2}}$$

$$= 2\pi \quad \blacksquare$$

もっと複雑な図形についても基本的な考え方は同じであることを注意しておこう.

回転体の体積　　定積分の定義を拡張すると, ひょうたんのようにある軸のまわりに回転してできる回転体の体積を計算することができる. 図 4-7 のように XY 平面上の曲線 $y=f(x)$ $(a \leqq x \leqq b)$ を X 軸のまわりに回転してできる回転体を考えよう. 定積分と同様, 区間 $[a, b]$ を n 個の小さな区間 $[x_{k-1}, x_k]$, $k=1,2,\cdots,n$ に分割し, 各小区間で $x_{k-1} \leqq \xi_k \leqq x_k$ を満たす点 ξ_k を定める. 点 $x=\xi_k$ を通り, X 軸に垂直な平面で回転体を切ると, 切り口は半径 $f(\xi_k)$, 面

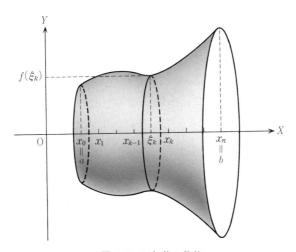

図 4-7 回転体の体積

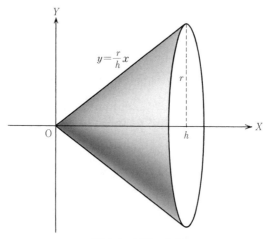

図 4-8　円錐の体積

積 $\pi f(\xi_k)^2$ の円になる．そこで，和

$$V_n = \sum_{k=1}^{n} \pi f(\xi_k)^2 (x_k - x_{k-1}) \tag{4.52}$$

を考え，$n\to\infty$ かつ各小区間の幅→0 の極限をとると，その極限値が回転体の体積 V になる．すなわち，面積のときと同様，

$$V = \int_a^b \pi f(x)^2 dx \tag{4.53}$$

となる．

　［例 3］　高さ h，底面の半径 r の円錐の体積を求める．

　この円錐は図 4-8 のように $y=f(x)=rx/h$（$0\leqq x\leqq h$）を X 軸のまわりに回転させてできる回転体である．(4.53)を用いると，

$$V = \int_0^h \pi \frac{r^2}{h^2} x^2 dx = \left[\frac{\pi}{3}\frac{r^2}{h^2}x^3\right]_0^h = \frac{\pi}{3}r^2 h \quad ∎$$

第4章　演習問題

[1]　以下の不定積分を求めよ.

(a) $\displaystyle\int (x^3+2x)dx$　　　(b) $\displaystyle\int (5x+2)^{\frac{3}{2}}dx$

(c) $\displaystyle\int \cos^3 x\,dx$　　　(d) $\displaystyle\int \frac{1}{1+\sin x}dx$

(e) $\displaystyle\int \frac{(\ln|x|)^2}{x}dx$　　　(f) $\displaystyle\int x^3 e^{2x}dx$

(g) $\displaystyle\int \sqrt{1-x^2}dx$　　　(h) $\displaystyle\int \sqrt{e^x-1}dx$

[2]　以下の定積分の値を求めよ.

(a) $\displaystyle\int_{-1}^{1} (x^4-1)dx$　　　(b) $\displaystyle\int_{-2}^{3} |x^2+x-2|\,dx$

(c) $\displaystyle\int_{0}^{\frac{\pi}{3}} \tan^2 x\,dx$　　　(d) $\displaystyle\int_{0}^{\infty} \frac{1}{\cosh^2 x}dx$

(e) $\displaystyle\int_{-1}^{1} \sqrt{\frac{1-x}{1+x}}\,dx$　　　(f) $\displaystyle\int_{0}^{1} x^a \ln x\,dx$　　　(a は定数)

[3]　(a)　広義積分

$$B(p,q) = \int_{0}^{1} x^{p-1}(1-x)^{q-1}dx \qquad (p,q>0)$$

が存在することを示せ. なお $B(p,q)$ をベータ関数という.

(b)　p,q が正の整数のとき, $B(p,q)$ の値を求めよ.

[4]　微分方程式

$$\frac{dy}{dx} = x^2(y^2+2y-8), \qquad y(0)=0$$

の解を求めよ.

[5]　曲線 $\sqrt{x}+\sqrt{y}=1$, 直線 $x=0$, $y=0$ で囲まれる部分の面積を求めよ. さらに, この曲線を X 軸のまわりに回転してできる回転体の体積を求めよ.

5 多変数の関数

ある物体の温度分布を考えたとき，それは物体の部分によっても違うだろうし，時間的にも変化しているであろう．したがって，温度は物体の点座標と時間の関数になっている．このように2つ以上の独立変数によっている関数を多変数関数という．多変数関数の微分をどう取り扱うか．それが本章の目的である．

5-1 偏微分と全微分

物体の温度を T，点座標を (x, y, z)，時間を t と書くと，ある関数 f によって，$T = f(x, y, z, t)$ と表される．すなわち，T は4つの独立変数の関数になっている．

　以下では簡単のために，独立変数が x, y の2つである関数 $z = f(x, y)$ を主に取り扱うことにするが，独立変数の数が増えても基本的な考え方は変らないことをあらかじめ注意しておきたい．

　2変数関数の極限と連続　　関数 $z = f(x, y)$ において x, y を指定することは，XY 平面上の1点 P を指定することと同じである．そして，その点に1つの z の値が対応することになるので，2変数関数のグラフを描くためには3次元の座標系を用意すればいいことになる．

　[例1]　平面上の領域 $D : x^2 + y^2 \leqq 1$ で定義されている関数 $z = x^2 + y^2$ のグ

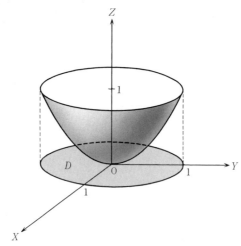

図 5-1 $z=x^2+y^2$ のグラフ

ラフを描くと図 5-1 のようになる. ▮

　2 変数関数の極限は 1 変数のときと同様に考えればよい. すなわち, 平面上の点 (x,y) が (a,b) に近づくとき, $f(x,y)$ が 1 つの値 c に限りなく近づけば, 極限が存在するといい,

$$\lim_{(x,y)\to(a,b)} f(x,y) = c \qquad (5.1)$$

と書く. もしくは ε-δ 法を用いると, 点 (x,y) を P, 点 (a,b) を A, 2 点間の距離を $\overline{\mathrm{PA}}$ として,

$$^{\forall}\varepsilon > 0,\ ^{\exists}\delta \ \ \text{s.t.} \ \ 0<|\overline{\mathrm{PA}}|<\delta \Longrightarrow |f(\mathrm{P})-c|<\varepsilon \qquad (5.2)$$

と表すこともできる.

　関数 $f(x,y)$ が点 (a,b) で連続であるとは, (5.1) の c の値が $f(a,b)$ の値と一致することである. ある領域 D のすべての点で $f(x,y)$ が連続であるとき, f は D で連続であるという.

　[例2] 例 1 の関数 $z=f(x,y)=x^2+y^2$ は D で連続である. なぜなら, D 内の 1 点 (a,b) に対して

$$f(a+\varDelta x,b+\varDelta y)-f(a,b)$$

$$= (a+\Delta x)^2 + (b+\Delta y)^2 - (a^2+b^2)$$

$$= \Delta x^2 + 2a\Delta x + 2b\Delta y + \Delta y^2$$

となり，$|\Delta x|, |\Delta y| \to 0$ のとき，右辺$\to 0$ であり

$$\lim_{(x,y)\to(a,b)} f(x,y) = f(a,b)$$

となるからである．$\blacksquare$

　[例3]　関数

$$z = f(x,y) = \begin{cases} \dfrac{y^2}{x^2+y^2} & ((x,y)\neq(0,0)\text{ のとき}) \\ 0 & ((x,y)=(0,0)\text{ のとき}) \end{cases} \tag{5.3}$$

の点 $(0,0)$ における連続性を調べる．

　まず X 軸上で $(0,0)$ に近づけよう．このとき $f(x,0)=0$ であるから，どんな Δx に対しても $f(\Delta x,0)-f(0,0)=0$ となり，連続の条件を満たしているようにみえる．しかし Y 軸上で $(0,0)$ に近づけると，$f(0,y)=1$ であるから，$f(0,\Delta y)-f(0,0)=1\neq 0$ である．したがって点 $(0,0)$ で連続でない．$\blacksquare$

　例3はある点への近づき方によって極限値が異なる状況を示している．この場合さらに，$y=mx$ の直線に沿って近づけると

$$f(x,y)\xrightarrow[x\to 0,\ y\to 0]{} \frac{m^2}{1+m^2} \tag{5.4}$$

となり，m によって無数に多くの極限値をとることがわかる．1変数関数の場合は，左右の極限値だけを考えればよかった．しかし2変数関数の場合は，平面上のすべての方向からの極限値を考えなければならないのである．

　偏微分　　極限に方向があるということは，微分も方向を考えなければならないことを意味する．その中で2つの特別なものをまず定めよう．関数 $f(x, y)$ は y を固定する（定数とみなす）と x のみの1変数関数と考えられ，x についての微分を定義することができる．これを $f(x,y)$ の x についての**偏微分**（partial differential）といい，$\dfrac{\partial f(x,y)}{\partial x}$ もしくは単に添字で $f_x(x,y)$ と表す．すなわち点 (a,b) における x についての偏微分は

$$\frac{\partial f(a,b)}{\partial x} = f_x(a,b) = \lim_{\Delta x \to 0} \frac{f(a+\Delta x, b) - f(a,b)}{\Delta x} \tag{5.5}$$

で与えられる．同様に x を固定して y だけの関数と考えたとき，y についての偏微分は

$$\frac{\partial f(a,b)}{\partial y} = f_y(a,b) = \lim_{\Delta y \to 0} \frac{f(a,b+\Delta y) - f(a,b)}{\Delta y} \tag{5.6}$$

によって与えられる．これらの式において a, b を変数と考えたとき，$\partial f/\partial x$ や $\partial f/\partial y$ を関数 $f(x,y)$ の**偏導関数**（partial derivative）という．また，$\partial f/\partial x$ が存在するとき x について**偏微分可能**，$\partial f/\partial y$ が存在するとき y について**偏微分可能**，ともに存在するときは単に**偏微分可能**という．

　[例4] 関数 $f(x,y) = x - y^2$ について，$\partial f/\partial x$ を計算するには，y を固定して x で微分すればよく，$\partial f/\partial x = 1$ となる．同様に $\partial f/\partial y = -2y$ である．∎

　さて，2つの方向について偏微分を定義したが，これらを特別視する理由はどこにもない．もっと一般の方向の微分も同じように定義することができる．いま平面上の点 $\mathrm{P}(a,b)$ について，1つの方向を図5-2のような直線で定めよう．角度 θ に対して，$\lambda = \cos\theta$，$\mu = \sin\theta$ と書くとき，(λ, μ) をとくに**方向余弦**という．この直線に沿って点 $\mathrm{P}(a,b)$ に近づく極限

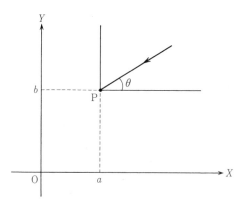

図5-2 $D_{(\lambda,\mu)}f(a,b)$

$$\lim_{h \to 0} \frac{f(a+\lambda h, b+\mu h)-f(a,b)}{h}$$

を考える．この極限が存在するとき，その値を $D_{(\lambda,\mu)}f(a,b)$ と書く．方向 $(\lambda,$ $\mu)$ の Derivative というわけである．

じつは，このように定義した一般の方向の微分は，$(5.5),(5.6)$ の2つの方向の偏微分を用いて表すことができる．そのために，まず

$$\frac{f(a+\lambda h, b+\mu h)-f(a,b)}{h}$$

$$= \lambda \frac{f(a+\lambda h, b+\mu h)-f(a, b+\mu h)}{\lambda h}+\mu \frac{f(a, b+\mu h)-f(a,b)}{\mu h}$$

と書きかえる．ところで，第3章の平均値の定理 (3.30) を用いると，

$$\frac{f(a+\lambda h, b+\mu h)-f(a, b+\mu h)}{\lambda h} = \frac{\partial f}{\partial x}(a+\theta \lambda h, b+\mu h)$$

$$（ただし \ 0<\theta<1）$$

と表せる．いま，$\partial f/\partial x$ が x,y について (a,b) で連続であるとしよう．すると $h \to 0$ のとき

$$\frac{\partial f}{\partial x}(a+\theta \lambda h, b+\mu h) \longrightarrow \frac{\partial f}{\partial x}(a,b)$$

となる．同様に $\partial f/\partial y$ が (a,b) で連続であるとすると，

$$\frac{f(a, b+\mu h)-f(a,b)}{\mu h} \xrightarrow[h \to 0]{} \frac{\partial f}{\partial y}(a,b)$$

である．結局，$\partial f/\partial x,\ \partial f/\partial y$ が (a,b) で連続ならば，

$$D_{(\lambda,\mu)}f(a,b) = \lambda \frac{\partial f(a,b)}{\partial x}+\mu \frac{\partial f(a,b)}{\partial y} \tag{5.7}$$

で与えられることになる．

全微分　3-4節 (3.54) 式で示したように，1変数関数 $y=f(x)$ が x について微分可能であるとき，ランダウの記号を用いて，

$$\Delta y \equiv f(x+\Delta x)-f(x) = f'(x)\Delta x+o(\Delta x) \tag{5.8}$$

と表すことができる．この式は $o(\Delta x)$ を無視すると，形式的に

$$dy = f'(x)dx \tag{5.9}$$

と書いてもよい. Δ を d でおきかえることにより, 極限操作を行なっていると考えればよいのである. Δy そのものを**増分**とよんだのに対して, このような dy を**微分**(differential)とよぶ.

2変数関数についても, これと同じものを定義することができる. そのために, まず増分 $\Delta z = f(x+\Delta x, y+\Delta y) - f(x,y)$ を

$$\Delta z = f(x+\Delta x, y+\Delta y) - f(x, y+\Delta y) + f(x, y+\Delta y) - f(x, y)$$

$$= \frac{\partial f}{\partial x}(x, y+\Delta y)\Delta x + o(\Delta x) + \frac{\partial f}{\partial y}(x, y)\Delta y + o(\Delta y) \tag{5.10}$$

と書きかえる. ただし, 関数 $f(x,y)$ は x, y について偏微分可能であると仮定している. さらに $\partial f(x,y)/\partial x$ が連続であるとすると, $\partial f(x, y+\Delta y)/\partial x = \partial f(x,y)/\partial x + \varepsilon$, ただし $\Delta y \to 0$ のとき $\varepsilon \to 0$, と書きかえられる. このとき,

$$\Delta z = \frac{\partial f(x,y)}{\partial x}\Delta x + \frac{\partial f(x,y)}{\partial y}\Delta y + \varepsilon\Delta x + o(\Delta x) + o(\Delta y)$$

となる. ところで, $\dfrac{\Delta x}{\sqrt{(\Delta x)^2+(\Delta y)^2}} \leqq 1$, $\dfrac{\Delta y}{\sqrt{(\Delta x)^2+(\Delta y)^2}} \leqq 1$ に気づくと, ランダウの記号 o の定義から, 上式右辺最後の3項をまとめて $o(\sqrt{(\Delta x)^2+(\Delta y)^2})$ でおきかえることができる. すなわち

$$\Delta z = \frac{\partial f(x,y)}{\partial x}\Delta x + \frac{\partial f(x,y)}{\partial y}\Delta y + o(\sqrt{(\Delta x)^2+(\Delta y)^2}) \tag{5.11}$$

関数 $f(x,y)$ は, (5.11)のような表現をもつとき, **全微分可能**であるという. 以上の議論から, 関数の偏微分が存在して連続ならば, 全微分可能ということになる. そのとき, 1変数関数と同様

$$dz = \frac{\partial f}{\partial x}dx + \frac{\partial f}{\partial y}dy \equiv df(x,y) \tag{5.12}$$

と書き, 点 (x,y) における $f(x,y)$ の**全微分**(total differential)という.

[例5] 関数 $z = x - y^2$ について, 例4の結果を用いると, 全微分は $dz = dx - 2ydy$ で与えられる. ▮

合成関数の微分 1変数関数の場合とまったく同様にして, 2変数関数においても合成関数の微分を考えることができる. すなわち, $z = f(x,y)$ が全微

分可能で, かつ $x=\xi(t)$, $y=\eta(t)$ が t について微分可能であるとき,

$$\frac{dz}{dt} = \frac{\partial f(x,y)}{\partial x}\frac{d\xi}{dt} + \frac{\partial f(x,y)}{\partial y}\frac{d\eta}{dt} \qquad (5.13)$$

が成り立つ. なお η はギリシャ文字でイータと読む. この式を示すには, やはり1変数のときの結果と同じようにすればよい. (5.13)式は全微分の式(5.12)を形式的に dt で割ったものと考えることができる.

[例6] 関数 $z=f(x,y)=x-y^2$ において, $x=e^t$, $y=e^{-t}$ とする. このとき dz/dt を求める.

(5.13)を用いると,

$$\frac{dz}{dt} = 1\cdot\frac{d(e^t)}{dt} - 2y\cdot\frac{d(e^{-t})}{dt} = e^t - 2e^{-t}(-e^{-t})$$
$$= e^t + 2e^{-2t} \quad \blacksquare$$

2変数関数では, さらに x,y が2つの独立変数の関数である場合の合成関数の微分公式が考えられる. すなわち, $z=f(x,y)$ が全微分可能で, x,y がそれぞれ u,v の関数($x=\xi(u,v)$, $y=\eta(u,v)$)であるとする. 関数 ξ,η が u,v について偏微分可能であるとき, まず, v を固定して, z の u に関する偏微分をとると,

$$\frac{\partial z}{\partial u} = \frac{\partial f}{\partial x}\frac{\partial \xi}{\partial u} + \frac{\partial f}{\partial y}\frac{\partial \eta}{\partial u} \qquad (5.14)$$

が成り立つ. 同様に, u を固定して v に関する偏微分をとると

$$\frac{\partial z}{\partial v} = \frac{\partial f}{\partial x}\frac{\partial \xi}{\partial v} + \frac{\partial f}{\partial y}\frac{\partial \eta}{\partial v} \qquad (5.15)$$

が成り立つ.

[例7] 関数 $F=f(x,y)=\sqrt{x^2+y^2}$ について, $x=\xi(r,\theta)=r\cos\theta$, $y=\eta(r,\theta)=r\sin\theta$ としたとき, $\partial F/\partial r, \partial F/\partial\theta$ を求める.

$$\partial f/\partial x = x/\sqrt{x^2+y^2} = r\cos\theta/r = \cos\theta$$
$$\partial f/\partial y = y/\sqrt{x^2+y^2} = r\sin\theta/r = \sin\theta$$

である. したがって(5.14),(5.15)より,

$$\frac{\partial F}{\partial r} = \cos\theta\cdot\cos\theta + \sin\theta\cdot\sin\theta = 1$$

$$\frac{\partial F}{\partial\theta} = \cos\theta\cdot(-r\sin\theta) + \sin\theta\cdot(r\cos\theta) = 0 \quad\blacksquare$$

この例において $(x, y)\to(r, \theta)$ は直角直線座標から極座標への変換である. もともとの関数 F を極座標で表せば $F=r$ であり, 例 7 の結果はたちどころに得られる. これは, 用いる座標系によって計算がはるかに簡単になる一例を与えている.

曲線座標と座標変換 ここで, 一般に直角直線座標 x, y によって $F = f(x, y)$ と表されている関数が, 極座標 r, θ によって $F=g(r, \theta)$ と書かれたときの微分の変換公式を与えておこう.

関数 F の全微分は直角直線座標で

$$dF = df = \frac{\partial f}{\partial x}dx + \frac{\partial f}{\partial y}dy \tag{5.16}$$

極座標で

$$dF = dg = \frac{\partial g}{\partial r}dr + \frac{\partial g}{\partial\theta}d\theta \tag{5.17}$$

と書かれる. ところで直角直線座標と極座標を関係づける式(1.32)は例 7 で見たように, 変数 x, y がそれぞれ 2 変数 r, θ の関数であることを意味しており, 微分の関係は

$$dx = \frac{\partial x}{\partial r}dr + \frac{\partial x}{\partial\theta}d\theta = \cos\theta\, dr - r\sin\theta\, d\theta \tag{5.18}$$

$$dy = \frac{\partial y}{\partial r}dr + \frac{\partial y}{\partial\theta}d\theta = \sin\theta\, dr + r\cos\theta\, d\theta \tag{5.19}$$

で与えられる. これらの式を(5.16)に代入し, (5.17)と比較することにより,

$$\frac{\partial F}{\partial r} = \frac{\partial g}{\partial r} = \frac{\partial f}{\partial x}\cos\theta + \frac{\partial f}{\partial y}\sin\theta \tag{5.20}$$

$$\frac{\partial F}{\partial\theta} = \frac{\partial g}{\partial\theta} = -\frac{\partial f}{\partial x}r\sin\theta + \frac{\partial f}{\partial y}r\cos\theta \tag{5.21}$$

となる.

以上の結果は，独立変数の数が増えてもまったく同様に得ることができる．ここでは応用上よく使われる3つの独立変数の場合について一般的な式を書いておこう．

3変数関数 $F=f(x,y,z)$ に対して，全微分は

$$dF = \frac{\partial f}{\partial x}dx + \frac{\partial f}{\partial y}dy + \frac{\partial f}{\partial z}dz \tag{5.22}$$

で与えられる．また，$x=\xi(u,v,w)$，$y=\eta(u,v,w)$，$z=\zeta(u,v,w)$ としたときの合成関数の微分公式は，

$$\frac{\partial F}{\partial u} = \frac{\partial f}{\partial x}\frac{\partial \xi}{\partial u} + \frac{\partial f}{\partial y}\frac{\partial \eta}{\partial u} + \frac{\partial f}{\partial z}\frac{\partial \zeta}{\partial u} \tag{5.23}$$

$$\frac{\partial F}{\partial v} = \frac{\partial f}{\partial x}\frac{\partial \xi}{\partial v} + \frac{\partial f}{\partial y}\frac{\partial \eta}{\partial v} + \frac{\partial f}{\partial z}\frac{\partial \zeta}{\partial v} \tag{5.24}$$

$$\frac{\partial F}{\partial w} = \frac{\partial f}{\partial x}\frac{\partial \xi}{\partial w} + \frac{\partial f}{\partial y}\frac{\partial \eta}{\partial w} + \frac{\partial f}{\partial z}\frac{\partial \zeta}{\partial w} \tag{5.25}$$

で与えられる．なお ζ はギリシャ文字でツェータと読む．

[**例8**] **球座標** (r,θ,φ)．3次元の極座標ともいい，直角直線座標 (x,y,z) に対して，図5-3のように

$$x = r\sin\theta\cos\varphi, \quad y = r\sin\theta\sin\varphi, \quad z = r\cos\theta \tag{5.26}$$

$$(0 \leqq r, \quad 0 \leqq \theta \leqq \pi, \quad 0 \leqq \varphi < 2\pi)$$

で定義される．これは球状の物体や，3次元空間中での点対称な現象を扱うのに便利な座標である．微分や偏導関数の関係はそれぞれ次のようになる．

$$dx = \sin\theta\cos\varphi\,dr + r\cos\theta\cos\varphi\,d\theta - r\sin\theta\sin\varphi\,d\varphi \tag{5.27}$$

$$dy = \sin\theta\sin\varphi\,dr + r\cos\theta\sin\varphi\,d\theta + r\sin\theta\cos\varphi\,d\varphi \tag{5.28}$$

$$dz = \cos\theta\,dr - r\sin\theta\,d\theta \tag{5.29}$$

$$\frac{\partial F}{\partial r} = \frac{\partial f}{\partial x}\sin\theta\cos\varphi + \frac{\partial f}{\partial y}\sin\theta\sin\varphi + \frac{\partial f}{\partial z}\cos\theta \tag{5.30}$$

$$\frac{\partial F}{\partial \theta} = \frac{\partial f}{\partial x}r\cos\theta\cos\varphi + \frac{\partial f}{\partial y}r\cos\theta\sin\varphi - \frac{\partial f}{\partial z}r\sin\theta \tag{5.31}$$

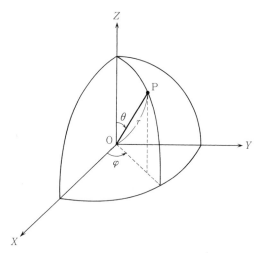

図 5-3 球座標

$$\frac{\partial F}{\partial \varphi} = -\frac{\partial f}{\partial x} r \sin \theta \sin \varphi + \frac{\partial f}{\partial y} r \sin \theta \cos \varphi \quad \blacksquare \qquad (5.32)$$

[**例 9**] 円柱座標(r, θ, z). 直角直線座標(x, y, z)に対して, 図 5-4 のように

$$x = r \cos \theta, \quad y = r \sin \theta, \quad z = z \quad (0 \leqq r, \ 0 \leqq \theta < 2\pi, \ -\infty < z < \infty) \qquad (5.33)$$

で定義される. これは円筒形の物体や, 回転対称な(すなわち θ によらない)現象を扱うのに便利な座標である. z を無視すると 2 次元の極座標と同じなので, 微分と偏導関数の関係は(5.18)〜(5.21)で与えられる. z についてはもちろん $dz = dz$, $\partial f/\partial z = \partial f/\partial z$ である. $\blacksquare$

なお, 極座標や球座標, 円柱座標などを直角直線座標に対して**曲線座標**という.

高次の偏導関数 関数 $f(x, y)$ に対して $\partial f(x, y)/\partial x, \partial f(x, y)/\partial y$ がさらに偏微分可能のとき,

$$\frac{\partial^2 f}{\partial x^2} = \frac{\partial}{\partial x}\left(\frac{\partial f}{\partial x}\right), \quad \frac{\partial^2 f}{\partial y^2} = \frac{\partial}{\partial y}\left(\frac{\partial f}{\partial y}\right)$$

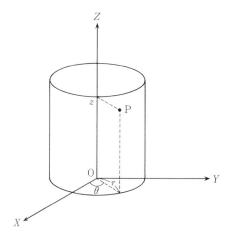

図 5-4　円柱座標

$$\frac{\partial^2 f}{\partial x \partial y} = \frac{\partial}{\partial x}\left(\frac{\partial f}{\partial y}\right), \quad \frac{\partial^2 f}{\partial y \partial x} = \frac{\partial}{\partial y}\left(\frac{\partial f}{\partial x}\right)$$

と書き **2 次の偏導関数**という. 上の式はそれぞれ順に, $f_{xx}, f_{yy}, f_{yx}, f_{xy}$ と表してもよい. また, もっと高次の偏導関数も同様に書くことができる.

　[例 10]　関数 $f(x, y) = e^{xy} \sin y$ について, $f_x = y\, e^{xy} \sin y$, $f_y = x\, e^{xy} \sin y + e^{xy} \cos y$, $f_{xx} = y^2\, e^{xy} \sin y$, $f_{yy} = x^2\, e^{xy} \sin y + 2x\, e^{xy} \cos y - e^{xy} \sin y$, $f_{xy} = f_{yx}$ $= e^{xy} \sin y + xy\, e^{xy} \sin y + y\, e^{xy} \cos y$. ▊

　この例では $f_{xy} = f_{yx}$ が成り立っている. しかし, 関数によっては成り立たない場合がある.

　[例 11]　関数

$$z = f(x, y) = \begin{cases} \dfrac{xy(x^2 - y^2)}{x^2 + y^2} & ((x, y) \neq (0, 0) \text{ のとき}) \\ 0 & ((x, y) = (0, 0) \text{ のとき}) \end{cases}$$

に対して $(x, y) \neq (0, 0)$ のときは $f_{xy} = f_{yx}$ が成り立つが, $(x, y) = (0, 0)$ では $f_{xy} \neq f_{yx}$ となることを示す.

　$(x, y) \neq (0, 0)$ のとき,

$$f_x = y\frac{x^4-y^4+4x^2y^2}{(x^2+y^2)^2}, \quad f_y = x\frac{x^4-y^4-4x^2y^2}{(x^2+y^2)^2}$$

となり，さらに計算をすすめて

$$f_{xy} = f_{yx} = \frac{x^6+9x^4y^2-9x^2y^4-y^6}{(x^2+y^2)^3}$$

を得る．次に $(x,y)=(0,0)$ の場合を考える．まず，

$$\frac{f(\Delta x, y)-f(0,y)}{\Delta x} = \frac{1}{\Delta x}\frac{(\Delta x)y((\Delta x)^2-y^2)}{(\Delta x)^2+y^2} \xrightarrow[\Delta x \to 0]{} -y$$

であるから $f_x(0,y)=-y$ を得る．同様にして，$f_y(x,0)=x$ である．さらに

$$\frac{f_x(0, \Delta y)-f_x(0,0)}{\Delta y} = \frac{-\Delta y}{\Delta y} = -1$$

$$\frac{f_y(\Delta x, 0)-f_y(0,0)}{\Delta x} = \frac{\Delta x}{\Delta x} = 1$$

であるから，$f_{xy}(0,0)=-1$，$f_{yx}(0,0)=1$ となり，両者は等しくない．∎

　このような例はまれであり，実用上現れる関数では，微分の順序は交換できるといっても言いすぎでない．ここで順序交換を保証する命題を1つあげておこう．

命題 5-1　　ある領域で関数 $f(x,y)$ の偏導関数 f_x, f_y, f_{xy} が存在し f_{xy} が連続ならば，偏導関数 f_{yx} も存在して $f_{yx}=f_{xy}$ となる．

5-2　偏微分の応用

2変数関数のテイラー展開　　関数のテイラー展開の考え方は，2変数関数の場合にも自然に拡張できる．まず，関数 $f(x,y)$ を $(x,y)=(0,0)$ のまわりでマクローリン展開することを考えてみよう．ただし，$f(x,y)$ は何回でも必要なだけ微分可能であるとしておく．最初に y を固定し，x についてマクローリン展開する．初めの3項だけを書くと，

$$f(x,y) = f(0,y)+f_x(0,y)x+f_{xx}(0,y)\frac{x^2}{2!}+\cdots \tag{5.34}$$

である. 次に上式の右辺の各項を $y=0$ のまわりで展開すると,

$$f(x,y) = f(0,0)+f_y(0,0)y+f_{yy}(0,0)\frac{y^2}{2}+\cdots$$

$$+f_x(0,0)x+f_{xy}(0,0)xy+f_{xyy}(0,0)x\frac{y^2}{2}+\cdots$$

$$+f_{xx}(0,0)\frac{x^2}{2}+f_{xxy}(0,0)\frac{x^2}{2}y+f_{xxyy}(0,0)\frac{x^2}{2}\cdot\frac{y^2}{2}+\cdots \quad (5.35)$$

が得られる. これがマクローリン展開の結果である. しかし, 一般項を「きれいな」形で得るためには, (5.35)はあまり見通しのよいものではない. 一工夫必要である.

いま $f(x,y)$ に対して, パラメータ t を導入し $x=ht$, $y=kt$ と書くことにすると, 関数は $z(t)=f(ht,kt)$ と表される. ここで合成関数の微分公式 (5.13)を用いると,

$$\frac{dz}{dt} = \frac{\partial f}{\partial x}\frac{dx}{dt}+\frac{\partial f}{\partial y}\frac{dy}{dt} = h\frac{\partial f}{\partial x}+k\frac{\partial f}{\partial y} = \left(h\frac{\partial}{\partial x}+k\frac{\partial}{\partial y}\right)f \quad (5.36)$$

が得られる. ただし右辺は作用素の表現を用いている. この式から

$$\frac{d^2z}{dt^2} = \frac{d}{dt}\left(h\frac{\partial}{\partial x}+k\frac{\partial}{\partial y}\right)f = \left(h\frac{\partial}{\partial x}+k\frac{\partial}{\partial y}\right)\frac{dz}{dt} = \left(h\frac{\partial}{\partial x}+k\frac{\partial}{\partial y}\right)^2f$$

$$(5.37)$$

となる. 同様に計算すると, 一般に

$$\frac{d^nz}{dt^n} = \left(h\frac{\partial}{\partial x}+k\frac{\partial}{\partial y}\right)^nf \quad (5.38)$$

である. ただし作用素は2項定理により

$$\left(h\frac{\partial}{\partial x}+k\frac{\partial}{\partial y}\right)^n = \sum_{r=0}^{n}\binom{n}{r}h^r k^{n-r}\frac{\partial^n}{\partial x^r \partial y^{n-r}} \quad (5.39)$$

と展開できることに注意する. なお上式を得るとき, 微分の順序が交換できることも使っている.

さて $z(t)$ を $t=0$ のまわりでマクローリン展開してみよう. (3.43),(3.47) を用いると,

$$z(t) = z(0) + \frac{dz(0)}{dt}t + \frac{1}{2!}\frac{d^2z(0)}{dt^2}t^2 + \cdots + \frac{1}{n!}\frac{d^nz(0)}{dt^n}t^n + R_{n+1} \tag{5.40}$$

$$R_{n+1} = \frac{1}{(n+1)!}\frac{d^{n+1}z(\theta t)}{dt^{n+1}}t^{n+1} \qquad (0<\theta<1) \tag{5.41}$$

である．（5.40）の右辺第1項は $z(t)$ の定義より $f(0,0)$ となる．また第2項の $dz(0)/dt$ は（5.36）より $\left(h\dfrac{\partial}{\partial x}+k\dfrac{\partial}{\partial y}\right)f(0,0)$ である．高次項も同様であり，$d^nz(0)/dt^n = \left(h\dfrac{\partial}{\partial x}+k\dfrac{\partial}{\partial y}\right)^n f(0,0)$ と表される．これらのことに留意して（5.40），（5.41）で $t=1$ とおく．$z(1)=f(h,k)$，$z(\theta)=f(h\theta,k\theta)$ であるから，結局

$$f(h,k) = f(0,0) + \left(h\frac{\partial}{\partial x}+k\frac{\partial}{\partial y}\right)f(0,0) + \frac{1}{2!}\left(h\frac{\partial}{\partial x}+k\frac{\partial}{\partial y}\right)^2 f(0,0)$$
$$+ \cdots + \frac{1}{n!}\left(h\frac{\partial}{\partial x}+k\frac{\partial}{\partial y}\right)^n f(0,0) + R_{n+1} \tag{5.42}$$

$$R_{n+1} = \frac{1}{(n+1)!}\left(h\frac{\partial}{\partial x}+k\frac{\partial}{\partial y}\right)^{n+1}f(h\theta,k\theta) \qquad (0<\theta<1) \tag{5.43}$$

が2変数関数のマクローリン展開である．

関数 $f(x,y)$ を $(x,y)=(a,b)$ のまわりでテイラー展開した式もまったく同様にして得られる．結果だけを示しておこう．

$$f(a+h,b+k) = f(a,b) + \left(h\frac{\partial}{\partial x}+k\frac{\partial}{\partial y}\right)f(a,b) + \frac{1}{2!}\left(h\frac{\partial}{\partial x}+k\frac{\partial}{\partial y}\right)^2 f(a,b)$$
$$+ \cdots + \frac{1}{n!}\left(h\frac{\partial}{\partial x}+k\frac{\partial}{\partial y}\right)^n f(a,b) + R_{n+1} \tag{5.44}$$

$$R_{n+1} = \frac{1}{(n+1)!}\left(h\frac{\partial}{\partial x}+k\frac{\partial}{\partial y}\right)^{n+1}f(a+h\theta,b+k\theta) \qquad (0<\theta<1) \tag{5.45}$$

［例1］ 関数 $f(x,y)=e^{-x}\ln(1+y)$ を $(x,y)=(0,0)$ のまわりでマクローリン展開したとき，x,y について2次の項までを計算する．

$f(0,0)=0$ である．また $f_x = -e^{-x}\ln(1+y)$ より $f_x(0,0)=0$ である．以下同様に $f_y(x,y)=e^{-x}/(1+y)$ より $f_y(0,0)=1$，$f_{xx}=e^{-x}\ln(1+y)$ より $f_{xx}(0,0)=0$，

$f_{xy}=-e^{-x}/(1+y)$ より $f_{xy}(0,0)=-1$, $f_{yy}=-e^{-x}/(1+y)^2$ より $f_{yy}(0,0)=-1$.
これらの式を(5.42)に代入して

$$f(h,k) = 0+(h\cdot0+k\cdot1)+\frac{1}{2!}\Big\{h^2\cdot0+2hk\cdot(-1)+k^2\cdot(-1)\Big\}+\cdots$$

$$= k-hk-\frac{1}{2}k^2+\cdots$$

この式はもちろん $f(x,y)=y-xy-\dfrac{1}{2}y^2+\cdots$ と書いてもよい. ▮

この例の関数は（x の関数）×（y の関数）という形をしているので，それぞれ1変数の場合の結果を用いて単に積をとるだけでもよい. すなわち，$e^{-x}=1-x+\dfrac{1}{2}x^2+\cdots$, $\ln(1+y)=y-\dfrac{1}{2}y^2+\cdots$ を用いて

$$f(x,y) = \Big(1-x+\frac{1}{2}x^2+\cdots\Big)\Big(y-\frac{1}{2}y^2+\cdots\Big) = y-xy-\frac{1}{2}y^2+\cdots$$

である.

2変数関数の極値　　2変数関数のテイラー展開の式は，関数の極値を求めるのに応用することができる. 関数 $z=f(x,y)$ が点 $(x,y)=(a,b)$ と十分近くの点 $(a+h,b+k)$（ただし h,k は任意）について $f(a,b)>f(a+h,b+k)$ が成り立つとき，f は点 (a,b) で**極大**という. また $f(a,b)<f(a+h,b+k)$ が成り立つとき，f は点 (a,b) で**極小**という. 不等号がそれぞれ $\geqq,\leqq$ におきかわった場合は**弱い意味で極大（極小）**という.

まず，関数が点 (a,b) で極値をとる必要条件を考えよう. 1変数関数のときと同様，極値をとるためにはその点で微係数が0でなければならない. ただし，2変数関数の場合はどの方向をとってもそうなる必要がある. したがって，任意の λ,μ について $D_{(\lambda,\mu)}f(a,b)=0$ であることが条件である. パラメータ λ,μ は任意であるから，条件は

$$\frac{\partial f(a,b)}{\partial x} = \frac{\partial f(a,b)}{\partial y} = 0 \tag{5.46}$$

と書いてもよい.

さて，この条件が成り立っているとき，確かに極値であるかどうかを判定するために，テイラー展開の式(5.44)を用いよう. 条件(5.46)が成り立っている

とき，(5.44)で $n=1$ の式を書き下すと，

$$f(a+h, b+k) - f(a, b) = R_2 \tag{5.47}$$

$$R_2 = \frac{1}{2}\{h^2 f_{xx}(a+h\theta, b+k\theta) + 2hk f_{xy}(a+h\theta, b+k\theta)$$

$$+ k^2 f_{yy}(a+h\theta, b+k\theta)\} \tag{5.48}$$

となる．したがって，つねに $R_2 > 0$ が成り立てば極小，$R_2 < 0$ が成り立てば極大となる．この符号は h, k に関する 2 次式の判別式を考えることにより評価できる．まず $f_{xx} > 0$（または $f_{yy} > 0$）で $f_{xy}{}^2 - f_{xx} f_{yy} < 0$ のとき，R_2 はつねに正となる．次に $f_{xx} < 0$（または $f_{yy} < 0$）で $f_{xy}{}^2 - f_{xx} f_{yy} < 0$ のとき，R_2 はつねに負となる．また f_{xx}, f_{yy} の符号にかかわらず $f_{xy}{}^2 - f_{xx} f_{yy} > 0$ のとき，R_2 は正負両方の値をとる．なおこれらの条件で f_{xx}, f_{xy}, f_{yy} はすべて点 $(a+h\theta, b+k\theta)$ における値であるが，点 (a, b) で連続であるとすると，十分近くを考える限り，点 (a, b) の値でおきかえてよい．以上をまとめると次のようになる．

命題 5-2（2 変数関数の極値） 関数 $f(x, y)$ において $f_x(a, b) = f_y(a, b) = 0$ が成り立っているとする．点 (a, b) において

(1) $f_{xy}{}^2 - f_{xx} f_{yy} < 0$ で，

(ⅰ) $f_{xx} < 0$（または $f_{yy} < 0$）のとき，$f(x, y)$ は極大

(ⅱ) $f_{xx} > 0$（または $f_{yy} > 0$）のとき，$f(x, y)$ は極小

(2) $f_{xy}{}^2 - f_{xx} f_{yy} > 0$ のとき，$f(x, y)$ は極値をとらない．

なお $f_{xy}{}^2 - f_{xx} f_{yy} = 0$ のときは，2 階導関数の値だけでは極値をとるかどうかわからず，個別に調べる必要がある．

例題 5-1 以下の 3 つの関数について極値を求めよ．

(1) $f(x, y) = x^2 + y^2$　　　(2) $f(x, y) = x^2 - y^2$　　　(3) $f(x, y) = x^2 + y^3$

［解］(1) $f_x = 2x = 0$, $f_y = 2y = 0$ より，$(0, 0)$ が極値をとる点の候補である．この点で $f_{xx} = 2$, $f_{xy} = 0$, $f_{yy} = 2$ となり，$f_{xx} > 0$ かつ $f_{xy}{}^2 - f_{xx} f_{yy} = -4 < 0$ だから $f(0, 0) = 0$ は極小値．

（2） $f_x=2x=0$, $f_y=-2y=0$ より，$(0,0)$ を調べる．この点で $f_{xx}=2$, $f_{xy}=0$, $f_{yy}=-2$ となり，$f_{xx}>0$ かつ $f_{xy}{}^2-f_{xx}f_{yy}=4>0$ だから極値をとらない．

（3） $f_x=2x=0$, $f_y=3y^2=0$ より，やはり $(0,0)$ が極値をとる点の候補．この点で $f_{xx}=2$, $f_{xy}=0$, $f_{yy}=0$ となり，$f_{xy}{}^2-f_{xx}f_{yy}=0$ で極値かどうかわからない．しかし，$x=0$ とすると $y>0$ で $f>0$，$y<0$ で $f<0$ となり，極値をとらないことがわかる． ▮

なお（2）の解を点 $(0,0)$ の近くで図示すると，図5-5のようになる．点 $(0,0)$ はこの場合，1方向で極大点，べつの1方向で極小点になっており，とくに**鞍点**または**峠点**という．

陰関数の微分　2-1節で示したように，関数関係を陰関数の形 $F(x,y)=0$ で書くことがある．こうした場合，導関数 dy/dx などを偏微分の知識を用いて計算することができる．

まず $F(x,y)$ に対する全微分を考えると，（5.12）より

$$dF(x,y) = \frac{\partial F}{\partial x}dx + \frac{\partial F}{\partial y}dy = 0 \tag{5.49}$$

である．この式を形式的に dx で割ると，

$$\frac{dy}{dx} = -\frac{F_x}{F_y} \qquad (ただし\ F_y \neq 0) \tag{5.50}$$

を得る．同様に，

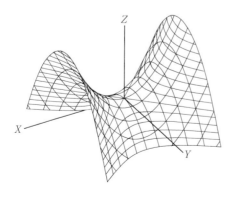

図5-5 鞍点

$$\frac{dx}{dy} = -\frac{F_y}{F_x} \qquad (\text{ただし } F_x \neq 0) \tag{5.51}$$

である.

[例 2]　$F(x, y) = x^2 + 2xy + 2y^2 - 1 = 0$ のとき $\frac{dy}{dx}$ を求める.

$dF = 0$ より $(2x + 2y)dx + (2x + 4y)dy = 0$ を得る. したがって, $x + 2y \neq 0$ のとき,

$$\frac{dy}{dx} = -\frac{x + y}{x + 2y} \quad \blacksquare$$

同じことであるが, $F(x, y) = 0$ の式を x で微分してもよい. すなわち $\frac{dF}{dx} = 0$ より

$$2x + 2y + 2x\frac{dy}{dx} + 4y\frac{dy}{dx} = 0$$

となり, 例 2 と同じ結果を得る. このやり方ではさらに微分をしていって高階導関数を得ることができる. たとえば上式を x でもう一度微分すると,

$$2 + 2\frac{dy}{dx} + 2\frac{dy}{dx} + 2x\frac{d^2y}{dx^2} + 4\left(\frac{dy}{dx}\right)^2 + 4y\frac{d^2y}{dx^2} = 0$$

となり, 例 2 の結果を代入して

$$\frac{d^2y}{dx^2} = -\frac{x^2 + 2xy + 2y^2}{(x + 2y)^3}$$

を得る.

ラグランジュの未定乗数法　変数 x, y が条件 $f(x, y) = 0$ を満たしているときに, ある関数 $g(x, y)$ の極値を求めよ, という問題が応用上よく現れる. これを**条件つき極値問題**という.

[例 3]　$f(x, y) = x + y - 1 = 0$ のとき $g(x, y) = x^2 + y^2$ の極値を求める.

この場合は条件から $y = 1 - x$ となり, $g(x, y)$ に代入して $g = x^2 + (1 - x)^2 = 2\left(x - \frac{1}{2}\right)^2 + \frac{1}{2}$ を得る. したがって $x = \frac{1}{2}$ のとき最小値 $\frac{1}{2}$ をとる. $\blacksquare$

この例では比較的簡単な方法で解が得られたが, 変数が多いときや関数が複雑なときには, このようにうまくいくとは限らない. そこでより一般的な場合に適用できる定式化を考える.

いま，$f(x, y)=0$ のもとで $g(x, y)$ が点 (a, b) で弱い意味の極値をとったとしよう．また条件 $f(x, y)=0$ が陽関数の形で $y=\varphi(x)$ と書けたとしよう．関数 $z=g(x, \varphi(x))$ が $x=a$ で極値をとるので，その点で

$$\frac{dz}{dx} = \frac{\partial g}{\partial x}\frac{dx}{dx} + \frac{\partial g}{\partial y}\frac{dy}{dx} = g_x + g_y\frac{d\varphi}{dx} = 0 \tag{5.52}$$

が成り立つ．一方，条件 $f(x, y)=0$ に対して(5.50)を使うと，$f_y \neq 0$ のとき $d\varphi/dx = -f_x/f_y$ と表される．この値を(5.52)に代入すると，$x=a$ で $g_x - g_y f_x/f_y$ $=0$ が成り立つ．言いかえると

$$g_x - \lambda f_x = 0, \qquad g_y - \lambda f_y = 0 \tag{5.53}$$

を満たす定数 λ が存在することになる．この結果は $f_x \neq 0$ を仮定しても同様に得られる．したがって点 (a, b) が極値を与えるためには $f(a, b)=0$ およびその点で(5.53)が成り立てばよい．この定式化を**ラグランジュの未定乗数法**という．結果をまとめておこう

命題 5-3（ラグランジュの未定乗数法） 条件 $f(x, y)=0$ の下で，$g(x, y)$ が点 (a, b) で弱い意味の極値をとるとすると，$f_x(a, b) \neq 0$ または $f_y(a, b) \neq 0$ のとき(5.53)を満たす定数 λ が存在する．

なお (a, b) で $f_x = f_y = 0$ のときは(5.53)は使えず，別の方法で問題を検討する必要がある．

もう一言追加しておこう．条件がないとき，2変数関数 $g(x, y)$ が極値をとるためには，考えている点で

$$dg = g_x dx + g_y dy = 0$$

となることが必要である．ところが条件があるときにはさらに

$$df = f_x dx + f_y dy = 0$$

が加わり，上の命題が得られるのである．

[例4] $f(x, y) = x^2 + y^2 - 1 = 0$ のとき，$g(x, y) = xy$ が極値をとる x, y の値を求める．

その点を (a, b) と書くと，まず条件 $f=0$ より $a^2 + b^2 - 1 = 0$ を得る．また f_x $=2x$，$f_y = 2y$，$g_x = y$，$g_y = x$ であるから，(5.53)は $b - 2\lambda a = 0$，$a - 2\lambda b = 0$ となる．この2つの式から $a = \pm b$ が得られ，$a^2 + b^2 - 1 = 0$ に代入して $b=$

$\pm\dfrac{\sqrt{2}}{2}$. またこのとき $a=\pm\dfrac{\sqrt{2}}{2}$ である. したがって極値をとる点の候補は

$$(a,b) = \left(\dfrac{\sqrt{2}}{2}, \dfrac{\sqrt{2}}{2}\right),\ \left(-\dfrac{\sqrt{2}}{2}, -\dfrac{\sqrt{2}}{2}\right),\ \left(\dfrac{\sqrt{2}}{2}, -\dfrac{\sqrt{2}}{2}\right),\ \left(-\dfrac{\sqrt{2}}{2}, \dfrac{\sqrt{2}}{2}\right)$$

の4点である. ∎

なお命題はあくまで極値の必要条件を与えているにすぎず,実際に極値であるかどうかを知るためには別のやり方で吟味する必要があることを注意しておこう. 例4の場合には,たとえば $x=\cos\theta$, $y=\sin\theta$ と変数変換して,最初の2点が極大値 $\dfrac{1}{2}$, あとの2点が極小値 $-\dfrac{1}{2}$ を与える点であることがわかる.

5-3 ベクトルの微分

ベクトルの導関数　たとえば物体の運動を解析するときに,ベクトル量の微分を考えることがしばしば必要となる. まず1-2節で導入した位置ベクトル $\boldsymbol{r}$ が変数 t の関数であるとしよう. このとき,(1.6),(1.11)は

$$\boldsymbol{r}(t) = \begin{pmatrix} x(t) \\ y(t) \\ z(t) \end{pmatrix} = x(t)\boldsymbol{i} + y(t)\boldsymbol{j} + z(t)\boldsymbol{k} \tag{5.54}$$

と書くことができる. このベクトルの t に関する微分は(3.6)とまったく同様に考えてよい. すなわち, $\boldsymbol{r}(t)$ の導関数は

$$\frac{d\boldsymbol{r}(t)}{dt} = \lim_{\varDelta t \to 0} \frac{\boldsymbol{r}(t+\varDelta t) - \boldsymbol{r}(t)}{\varDelta t} \tag{5.55}$$

で定義される. 成分で表すと

$$\frac{d\boldsymbol{r}(t)}{dt} = \frac{dx(t)}{dt}\boldsymbol{i} + \frac{dy(t)}{dt}\boldsymbol{j} + \frac{dz(t)}{dt}\boldsymbol{k} \tag{5.56}$$

である. 高階微分も同様に,たとえば

$$\frac{d^2\boldsymbol{r}(t)}{dt^2} = \frac{d^2x(t)}{dt^2}\boldsymbol{i} + \frac{d^2y(t)}{dt^2}\boldsymbol{j} + \frac{d^2z(t)}{dt^2}\boldsymbol{k} \tag{5.57}$$

で表される.

1-2節で触れたように,位置ベクトルはもっと一般の数ベクトル($\boldsymbol{a}=a_1\boldsymbol{i}+$

$a_2\boldsymbol{j}+a_3\boldsymbol{k}$ と書こう)にも拡張することができる. ベクトル $\boldsymbol{a}$ が t に依存してい るとき, (5.56)とまったく同様, 導関数は

$$\frac{d\boldsymbol{a}(t)}{dt} = \frac{da_1(t)}{dt}\boldsymbol{i}+\frac{da_2(t)}{dt}\boldsymbol{j}+\frac{da_3(t)}{dt}\boldsymbol{k} \tag{5.58}$$

で与えられる. また積の微分公式なども通常の微分の場合と同じように扱って よい.

たとえばスカラー $\varphi(t)$ とベクトル $\boldsymbol{a}(t)$ の積の微分を考えてみよう. ベク トル $\boldsymbol{a}(t)$ を成分で表し, 各項ごとに微分すると,

$$\begin{aligned}
\frac{d}{dt}\{\varphi(t)\boldsymbol{a}(t)\} &= \frac{d}{dt}(\varphi a_1\boldsymbol{i}+\varphi a_2\boldsymbol{j}+\varphi a_3\boldsymbol{k}) \\
&= \left(\frac{d\varphi}{dt}a_1+\varphi\frac{da_1}{dt}\right)\boldsymbol{i}+\left(\frac{d\varphi}{dt}a_2+\varphi\frac{da_2}{dt}\right)\boldsymbol{j}+\left(\frac{d\varphi}{dt}a_3+\varphi\frac{da_3}{dt}\right)\boldsymbol{k} \\
&= \frac{d\varphi}{dt}(a_1\boldsymbol{i}+a_2\boldsymbol{j}+a_3\boldsymbol{k})+\varphi\left(\frac{da_1}{dt}\boldsymbol{i}+\frac{da_2}{dt}\boldsymbol{j}+\frac{da_3}{dt}\boldsymbol{k}\right) \\
&= \frac{d\varphi}{dt}\boldsymbol{a}+\varphi\frac{d\boldsymbol{a}}{dt} \tag{5.59}
\end{aligned}$$

となり, 通常の関数の積の微分と同じ形の結果が得られるのである.

2つのベクトル $\boldsymbol{a}(t), \boldsymbol{b}(t)$ のスカラー積, ベクトル積の場合も同様で,

$$\frac{d}{dt}(\boldsymbol{a}\cdot\boldsymbol{b}) = \frac{d\boldsymbol{a}}{dt}\cdot\boldsymbol{b}+\boldsymbol{a}\cdot\frac{d\boldsymbol{b}}{dt} \tag{5.60}$$

$$\frac{d}{dt}(\boldsymbol{a}\times\boldsymbol{b}) = \frac{d\boldsymbol{a}}{dt}\times\boldsymbol{b}+\boldsymbol{a}\times\frac{d\boldsymbol{b}}{dt} \tag{5.61}$$

となる. もちろん, ベクトル積の場合, 右辺の積をとる順序に注意しなければ ならないことは 1-2 節と同様である.

例題 5-2 大きさが一定のベクトル, すなわち $|\boldsymbol{a}(t)|=c$ (定数)であるベク トル $\boldsymbol{a}(t)$ に対して, $\boldsymbol{a}$ と $d\boldsymbol{a}/dt$ は必ず直交することを示せ.

[解] 条件より $|\boldsymbol{a}(t)|^2=\boldsymbol{a}\cdot\boldsymbol{a}=c^2$ である. この式の中辺と右辺を t で微分 すると(5.60)より,

$$\frac{d\boldsymbol{a}}{dt}\cdot\boldsymbol{a}+\boldsymbol{a}\cdot\frac{d\boldsymbol{a}}{dt} = 0$$

となる．スカラー積の場合，積の順序は交換でき，上式は $\boldsymbol{a}\cdot(d\boldsymbol{a}/dt)=0$ と同じである．これは $\boldsymbol{a}$ と $d\boldsymbol{a}/dt$ が直交していることを表している．▌

スカラー場とベクトル場　　本章の冒頭で述べたように，ある物体の温度分布 T は空間の位置と時間によっているので $T=T(\boldsymbol{r},t)$ と書くことができる．また水の流れの速度ベクトル $\boldsymbol{v}$ の分布を考えたときも同様に，$\boldsymbol{r},t$ によっているのが一般的で $\boldsymbol{v}=\boldsymbol{v}(\boldsymbol{r},t)$ と表せる．このように，$\boldsymbol{r}$ と t で決まるスカラー量を**スカラー場**，ベクトル量を**ベクトル場**という．

　スカラー場やベクトル場は多変数関数であり，それらに対する微分は本章で扱ってきた偏微分で表されることになる．たとえば温度 $T(\boldsymbol{r},t)$ の t に関する偏導関数は

$$\frac{\partial T}{\partial t} = \lim_{\Delta t \to 0}\frac{T(\boldsymbol{r},t+\Delta t)-T(\boldsymbol{r},t)}{\Delta t} \tag{5.62}$$

で与えられる．空間変数 x,y,z に関する偏導関数 $\partial T/\partial x,\ \partial T/\partial y,\ \partial T/\partial z$ も同様に定義できる．ベクトル場に関する偏導関数もしかりである．

　勾配　　いま $f(\boldsymbol{r})=f(x,y,z)$ をあるスカラー場であるとする．この関数に対する全微分の式は(5.22)で与えられる．ここで，位置ベクトル $\boldsymbol{r}=x\boldsymbol{i}+y\boldsymbol{j}+z\boldsymbol{k}$ に対して

$$d\boldsymbol{r} = dx\boldsymbol{i}+dy\boldsymbol{j}+dz\boldsymbol{k} \tag{5.63}$$

という微分変化分を表すベクトルを導入しよう．また関数 f の X,Y,Z 方向の傾き $\partial f/\partial x,\ \partial f/\partial y,\ \partial f/\partial z$ を成分とするベクトルを導入し，$\mathrm{grad}\,f$ と書くことにしよう．すなわち，

$$\mathrm{grad}\,f = \frac{\partial f}{\partial x}\boldsymbol{i}+\frac{\partial f}{\partial y}\boldsymbol{j}+\frac{\partial f}{\partial z}\boldsymbol{k} \tag{5.64}$$

と定義する．このとき，全微分の式(5.22)は $d\boldsymbol{r}$ と $\mathrm{grad}\,f$ のスカラー積として，

$$df(x,y,z) = d\boldsymbol{r}\cdot\mathrm{grad}\,f \tag{5.65}$$

と表すことができる．(5.64)で定義した $\mathrm{grad}\,f$ をスカラー場 f の**勾配ベクトル**，または単に**勾配**という．記号 grad は勾配を意味する gradient の頭4文

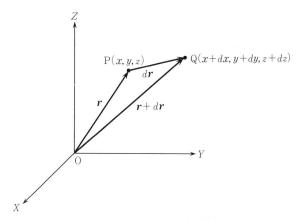

図 5-6 df は P, Q での f の値の差の近似値

字をとったものである．全微分 df は図 5-6 のように，X 方向に dx，Y 方向に dy，Z 方向に dz 離れた 2 点 P, Q における関数 f の値の差を近似しているといってよい．また $d\boldsymbol{r}$ は微分変化分を表すベクトルであった．したがって，(5.65)は関数の差がその勾配と距離の積で表されることを示している．

ところで，勾配ベクトルは

$$\operatorname{grad} f = \left(\frac{\partial}{\partial x}\boldsymbol{i} + \frac{\partial}{\partial y}\boldsymbol{j} + \frac{\partial}{\partial z}\boldsymbol{k}\right)f \equiv \nabla f \tag{5.66}$$

と書くこともできる．すなわち，微分作用素 $\nabla = \left(\dfrac{\partial}{\partial x}\boldsymbol{i} + \dfrac{\partial}{\partial y}\boldsymbol{j} + \dfrac{\partial}{\partial z}\boldsymbol{k}\right)$ が f に作用しているとみなせるのである．この微分作用素 ∇ はベクトルであり，とくに**ナブラベクトル**という．古代アッシリアの竪琴に因んでつけられた名前である．

　[例 1] スカラー場 $f = x^2 + y^2 + z^2$ の勾配ベクトルを求める．

　(5.64)に f を代入して

$$\operatorname{grad} f = \frac{\partial f}{\partial x}\boldsymbol{i} + \frac{\partial f}{\partial y}\boldsymbol{j} + \frac{\partial f}{\partial z}\boldsymbol{k} = 2x\boldsymbol{i} + 2y\boldsymbol{j} + 2z\boldsymbol{k} \quad \blacksquare$$

得られた結果は勾配ベクトルが位置ベクトル $\boldsymbol{r}$ の 2 倍であることを示している．すなわち原点から放射状にでているベクトルである．

　発散　ベクトル場として 2 次元の

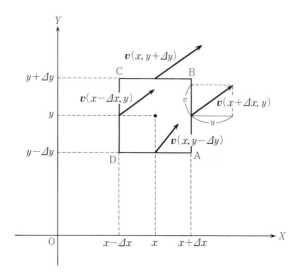

図 5-7 矩形領域における水の出入り

$$\boldsymbol{v}(x,y) = u(x,y)\boldsymbol{i} + v(x,y)\boldsymbol{j} \tag{5.67}$$

を考える．これは，XY 平面内の水の流れの速度場で，Z 方向および時間的に変化しないものとみなすことができる．このベクトル場に対して，図 5-7 のような XY 平面内の小さな矩形領域における水の出入りを調べてみよう．

図の線分 AB を通って Z 方向の単位厚さあたり，また単位時間あたりに右方へ出ていく水の量は近似的に $u(x+\varDelta x,y)\cdot 2\varDelta y$ で与えられる．小さな領域なので，AB 上で速度ベクトルは同じだと考えるのである．他の線分 BC, CD, DA でも同様に考えると，矩形領域からの正味の流出量は，

$$\{u(x+\varDelta x,y)-u(x-\varDelta x,y)\}2\varDelta y+\{v(x,y+\varDelta y)-v(x,y-\varDelta y)\}2\varDelta x \tag{5.68}$$

である．ここで u,v を点 (x,y) のまわりで，

$$u(x\pm\varDelta x,y) = u(x,y)\pm\varDelta x\frac{\partial u(x,y)}{\partial x}+\frac{1}{2}(\varDelta x)^2\frac{\partial^2 u(x,y)}{\partial x^2}+\cdots \tag{5.69}$$

$$v(x,y\pm\varDelta y) = v(x,y)\pm\varDelta y\frac{\partial v(x,y)}{\partial y}+\frac{1}{2}(\varDelta y)^2\frac{\partial^2 v(x,y)}{\partial y^2}+\cdots \tag{5.70}$$

とテイラー展開する．すると正味の流出量は

$$\left\{\frac{\partial u(x,y)}{\partial x}+\frac{\partial v(x,y)}{\partial y}\right\}4\varDelta x\varDelta y+O((\varDelta x)^2\varDelta y,\varDelta x(\varDelta y)^2) \qquad (5.71)$$

となる．ただし，上式の $O((\varDelta x)^2\varDelta y,\varDelta x(\varDelta y)^2)$ は 3-4 節で導入したランダウの記号であり，$O((\varDelta x)^2\varDelta y)$ と $O(\varDelta x(\varDelta y)^2)$ をまとめて書いたものである．矩形の面積は $4\varDelta x\varDelta y$ であるので単位面積あたりの流出量は

$$\frac{\partial u(x,y)}{\partial x}+\frac{\partial v(x,y)}{\partial y}+O(\varDelta x,\varDelta y) \qquad (5.72)$$

である．いま矩形をどんどん小さくする極限，すなわち $\varDelta x,\varDelta y\to0$ の極限をとると，上式は $\partial u/\partial x+\partial v/\partial y$ になる．この量は

$$\frac{\partial u}{\partial x}+\frac{\partial v}{\partial y}=\left(\frac{\partial}{\partial x}\boldsymbol{i}+\frac{\partial}{\partial y}\boldsymbol{j}\right)\cdot(u\boldsymbol{i}+v\boldsymbol{j})=\nabla\cdot\boldsymbol{v} \qquad (5.73)$$

のように，2 変数版のナブラベクトルと速度ベクトルのスカラー積として表すことができる．(5.73)は矩形領域から水が湧き出る（発散する）量なので，ベクトル $\boldsymbol{v}$ の**発散**といい，発散の英語 divergence の頭 3 文字をとって div $\boldsymbol{v}$ とも書く．

　[例2]　ベクトル場(i) $\boldsymbol{v}(x,y)=y\boldsymbol{i}-x\boldsymbol{j}$，(ii) $\boldsymbol{v}(x,y)=x\boldsymbol{i}+y\boldsymbol{j}$ に対する発散を求める．

（i）　div $\boldsymbol{v}=\partial y/\partial x+\partial(-x)/\partial y=0$

（ii）　div $\boldsymbol{v}=\partial x/\partial x+\partial y/\partial y=2$　∎

　ベクトル場(i)を図示すると，図 5-8 のように，原点を中心とした円の円周方向を向いたベクトルの集まりになっている．この場合，XY 平面上のどの領域をとっても，正味の水の出入りはない．

　ベクトル場(ii)は図 5-9 のように，原点から放射状に出ているベクトルの集まりになっている．この場合は，XY 平面のどの領域をとっても単位面積あたり同じ割合で流出していることになる．すなわち，すべての場所で水が湧き出しているのである．

　3 次元ベクトル $\boldsymbol{v}=u\boldsymbol{i}+v\boldsymbol{j}+w\boldsymbol{k}$ についてもまったく同様に，発散は

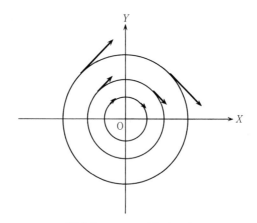

図 5-8 ベクトル場 $y\boldsymbol{i}-x\boldsymbol{j}$

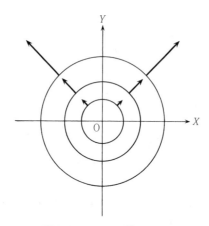

図 5-9 ベクトル場 $x\boldsymbol{i}+y\boldsymbol{j}$

$$\operatorname{div} \boldsymbol{v} = \nabla \cdot \boldsymbol{v} = \left(\frac{\partial}{\partial x} \boldsymbol{i} + \frac{\partial}{\partial y} \boldsymbol{j} + \frac{\partial}{\partial z} \boldsymbol{k} \right) \cdot (u\boldsymbol{i} + v\boldsymbol{j} + w\boldsymbol{k})$$

$$= \frac{\partial u}{\partial x} + \frac{\partial v}{\partial y} + \frac{\partial w}{\partial z} \tag{5.74}$$

で与えられる.

回転 発散のときと同様, 図5-7のベクトル場を考える. いま点 $(x + \Delta x,\ y)$ にいる仮想的な水の粒子に着目しよう. この粒子について点 (x, y) を中心とした反時計まわりの角速度は $v(x + \Delta x, y)/\Delta x$ で与えられる. なぜなら, 半径 r の円運動をしている粒子の接線方向の速度を v としたとき, 角速度は v/r で与えられるからである. 他の点 $(x - \Delta x, y), (x, y + \Delta y), (x, y - \Delta y)$ にいる粒子についても同じく反時計まわりの角速度を計算し, 相加平均をとると,

$$\frac{v(x + \Delta x, y) - v(x - \Delta x, y)}{4\Delta x} - \frac{u(x, y + \Delta y) - u(x, y - \Delta y)}{4\Delta y} \tag{5.75}$$

となる. 発散のときと同様, 速度成分をテイラー展開し, $\Delta x, \Delta y$ の1次以上の項を無視すると, (5.75)は

$$\frac{1}{2} \left\{ \frac{\partial v(x, y)}{\partial x} - \frac{\partial u(x, y)}{\partial y} \right\} \tag{5.76}$$

で近似される. これは XY 平面に垂直な Z 軸のまわりの回転を表す量と考えることができる.

3次元のベクトル場 $\boldsymbol{v} = u\boldsymbol{i} + v\boldsymbol{j} + w\boldsymbol{k}$ についても, この結果を拡張して,

$$\frac{1}{2} \left(\frac{\partial w}{\partial y} - \frac{\partial v}{\partial z} \right) \boldsymbol{i} + \frac{1}{2} \left(\frac{\partial u}{\partial z} - \frac{\partial w}{\partial x} \right) \boldsymbol{j} + \frac{1}{2} \left(\frac{\partial v}{\partial x} - \frac{\partial u}{\partial y} \right) \boldsymbol{k} \tag{5.77}$$

が X, Y, Z 軸のまわりの回転を表すベクトルとみなすことができる. 上式で $\boldsymbol{k}$ すなわち Z 軸方向の成分をとったのが(5.76)というわけである.

(5.77)はナブラベクトル ∇ とベクトル $\boldsymbol{v}$ のベクトル積を用いて,

$$\frac{1}{2} \nabla \times \boldsymbol{v} = \frac{1}{2} \left(\frac{\partial}{\partial x} \boldsymbol{i} + \frac{\partial}{\partial y} \boldsymbol{j} + \frac{\partial}{\partial z} \boldsymbol{k} \right) \times (u\boldsymbol{i} + v\boldsymbol{j} + w\boldsymbol{k}) \tag{5.78}$$

と表される. これは1-2節のベクトル積の定義を具体的に計算することによって確かめられる. (5.78)のベクトル $\nabla \times \boldsymbol{v}$ は rot $\boldsymbol{v}$ とも書き, ベクトル場 $\boldsymbol{v}$ の

回転という. 記号は回転を意味する英語 rotation の頭 3 文字をとったものである.

[**例 3**] 例 2 のベクトル場(i), (ii)の回転の z 成分を求める.

(i) $(\mathrm{rot}\,\boldsymbol{v})_z = \partial v/\partial x - \partial u/\partial y = \partial(-x)/\partial x - \partial y/\partial y = -2$

(ii) $(\mathrm{rot}\,\boldsymbol{v})_z = \partial v/\partial x - \partial u/\partial y = \partial y/\partial x - \partial x/\partial y = 0$ ▌

ベクトル場(i)では, 図 5-8 のようにすべてのベクトルが円周方向を向いており, 確かに回転しているという言葉が妥当である. 一方, (ii)ではベクトルが放射状に出ているので回転が 0 ということを納得できるに違いない.

いくつかの公式　　最後に, 応用上よく用いられるベクトルの微分の公式をあげておこう. 以下で f はスカラー場, $\boldsymbol{a}, \boldsymbol{b}$ はベクトル場である.

$$\nabla \times (\nabla f) = \boldsymbol{0} \qquad (\text{または } \mathrm{rot}(\mathrm{grad}\,f) = \boldsymbol{0}) \tag{5.79}$$

$$\nabla \cdot (\nabla \times \boldsymbol{a}) = 0 \qquad (\text{または } \mathrm{div}(\mathrm{rot}\,\boldsymbol{a}) = 0) \tag{5.80}$$

$$\nabla \cdot (\nabla f) = \Delta f \qquad (\text{または } \mathrm{div}(\mathrm{grad}\,f) = \Delta f) \tag{5.81}$$

ただし, (5.81)の記号 Δ は ∇^2 とも書き,

$$\Delta = \nabla^2 = \frac{\partial^2}{\partial x^2} + \frac{\partial^2}{\partial y^2} + \frac{\partial^2}{\partial z^2} \tag{5.82}$$

で定義される作用素で, **ラプラス(Laplace)作用素**または**ラプラシアン**という.

上記の 3 つの式ともベクトルを成分で表すことにより証明できる.

[**例 4**] (5.79)を示す.

左辺を成分で書くと

$$\left(\frac{\partial}{\partial x}\boldsymbol{i} + \frac{\partial}{\partial y}\boldsymbol{j} + \frac{\partial}{\partial z}\boldsymbol{k} \right) \times \left(\frac{\partial f}{\partial x}\boldsymbol{i} + \frac{\partial f}{\partial y}\boldsymbol{j} + \frac{\partial f}{\partial z}\boldsymbol{k} \right)$$

である. 単位ベクトルのベクトル積の公式(1-2 節参照)を用いると, たとえば上式の $\boldsymbol{i}$ 成分は

$$\frac{\partial^2 f}{\partial y \partial z} - \frac{\partial^2 f}{\partial z \partial y} = 0$$

となることがわかる. $\boldsymbol{j}, \boldsymbol{k}$ 成分も同様に 0 となることが示せる. ▌

スカラーやベクトルの積の微分公式としてよく用いられるものを以下に示す. やはり, すべて成分で表すことにより証明できる.

$$\nabla \times (\nabla \times \boldsymbol{a}) = \nabla (\nabla \cdot \boldsymbol{a}) - \triangle \boldsymbol{a} \tag{5.83}$$

$$\nabla \cdot (f\boldsymbol{a}) = f \nabla \cdot \boldsymbol{a} + \boldsymbol{a} \cdot \nabla f \tag{5.84}$$

$$\nabla \times (f\boldsymbol{a}) = f(\nabla \times \boldsymbol{a}) - \boldsymbol{a} \times (\nabla f) \tag{5.85}$$

$$\nabla \cdot (\boldsymbol{a} \times \boldsymbol{b}) = \boldsymbol{b} \cdot (\nabla \times \boldsymbol{a}) - \boldsymbol{a} \cdot (\nabla \times \boldsymbol{b}) \tag{5.86}$$

$$\nabla (\boldsymbol{a} \cdot \boldsymbol{b}) = (\boldsymbol{a} \cdot \nabla)\boldsymbol{b} + (\boldsymbol{b} \cdot \nabla)\boldsymbol{a} + \boldsymbol{a} \times (\nabla \times \boldsymbol{b}) + \boldsymbol{b} \times (\nabla \times \boldsymbol{a}) \tag{5.87}$$

$$\nabla \times (\boldsymbol{a} \times \boldsymbol{b}) = (\boldsymbol{b} \cdot \nabla)\boldsymbol{a} - (\boldsymbol{a} \cdot \nabla)\boldsymbol{b} + \boldsymbol{a}(\nabla \cdot \boldsymbol{b}) - \boldsymbol{b}(\nabla \cdot \boldsymbol{a}) \tag{5.88}$$

5-4　偏微分方程式

3-5 節で紹介した微分方程式において，関数 f が 2 つ以上の変数によっている ものを**偏微分方程式**（partial differential equation）という．たとえば，時間的 空間的に変化している現象を扱う際，相手にしなければならない方程式である． 本節では，代表的な偏微分方程式がどのようなものか，差分方程式のモデルか ら出発して見ていくことにしよう．

　ランダムウォーク　　まず図 5-10 のように直線（X 軸）上の各点を $\varDelta t$ の時 間ごとに移動する生物集団を考える．ただし，生物の各個体は 1 回の移動で必 ず隣の点にいくとし，個体が右へいく確率と左へいく確率は等しく $\frac{1}{2}$ とする． 時刻 t に場所 x にいる生物の個体数を $u(x, t)$ で表すと，この移動過程は

$$u(x, t+\varDelta t) = \frac{1}{2}u(x-\varDelta x, t) + \frac{1}{2}u(x+\varDelta x, t) \tag{5.89}$$

と書くことができる．時刻 t に $x-\varDelta x$ にいたものの半分と $x+\varDelta x$ にいたもの の半分が，時刻 $t+\varDelta t$ に場所 x を占めるというわけである．

　このモデルを**ランダムウォーク**（random walk）といい，日本語訳では**酔歩** と呼ばれている．右往左往する生物を酔っぱらいに見立てたのである．

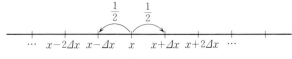

図 5-10　直線上の生物の移動

いま，初期時刻 $t=0$ で $x=0$ のみに生物がいたとしよう．すなわち，

$$u(0,0) = u_0 > 0 \quad \text{および} \quad u(x,0) = 0 \quad (x \neq 0 \text{ のとき})$$

の初期条件が与えられたとする．このとき，(5.89)の解は図5-11のようになる．式で表すと，$t = n\Delta t$ のとき

$$x = \pm(n-2m)\Delta x \text{ において } u = \frac{1}{2^n}\binom{n}{n-m}u_0, \quad \text{その他の } x \text{ で } u = 0$$

ただし，n が偶数のとき，$m = 0, 1, 2, \cdots, \frac{n}{2}$，$n$ が奇数のとき，$m = 0, 1, 2, \cdots,$ $(n-1)/2$ である．大ざっぱにいうと，各時刻において2項分布に従いながら拡がっていくのである．

拡散方程式　さて(5.89)において $\Delta x, \Delta t$ が小さいとして各項をテイラー展開してみよう．すなわち

$$u(x, t+\Delta t) = u(x, t) + \frac{\partial u(x, t)}{\partial t}\Delta t + O((\Delta t)^2) \tag{5.90}$$

$$u(x\pm\Delta x, t) = u(x, t) \pm \frac{\partial u(x, t)}{\partial x}\Delta x + \frac{1}{2}\frac{\partial^2 u(x, t)}{\partial x^2}(\Delta x)^2$$
$$+ O((\Delta x)^3) \tag{5.91}$$

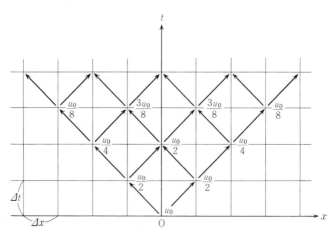

図5-11　ランダムウォークの時間発展

とする. ただし, O はランダウの記号である. この展開を(5.89)に代入すると,

$$\frac{\partial u(x,t)}{\partial t} = \frac{1}{2}\frac{(\Delta x)^2}{\Delta t}\frac{\partial^2 u(x,t)}{\partial x^2} + O\left(\Delta t, \frac{(\Delta x)^4}{\Delta t}\right) \qquad (5.92)$$

が得られる. 上式の $O(\Delta t, (\Delta x)^4/\Delta t)$ は(5.71)同様 $O(\Delta t)$ と $O((\Delta x)^4/\Delta t)$ をまとめて書いたものである. また $(\Delta x)^4/\Delta t$ で Δx の次数が 4 になっているのは(5.91)を(5.89)に代入したとき, 3 次の項は打ち消しあって 0 となるからである.

ところで, Δx は 1 回の移動で進む距離, $\Delta x/\Delta t$ は移動の速さである. その積 $(\Delta x)^2/\Delta t$ が一定値(簡単のため 2 とする)になるように距離と速さの尺度を選び, その上で $\Delta x, \Delta t \to 0$ の極限をとる. すると(5.92)は

$$\frac{\partial u(x,t)}{\partial t} = \frac{\partial^2 u(x,t)}{\partial x^2} \qquad (5.93)$$

の微分方程式で近似されることになる. この式は従属変数 u が 2 つの独立変数 x, t に依存しているので, 偏微分方程式である.

偏微分方程式(5.93)の解は, 時間 t についての初期条件だけでなく, 空間変数 x についての境界条件が与えられることにより一意的に定まる. ただし**境界条件**とは, ある点における u や $\partial u/\partial x$ の値のことである. 一般の場合どのように解を求めるかは本シリーズの第 4 巻『偏微分方程式』にゆだねることにし, ここでは天下りに 1 つの解を与えておくことにしよう.

関数

$$u(x,t) = \frac{1}{2\sqrt{\pi t}}e^{-\frac{x^2}{4t}} \qquad (5.94)$$

を考える. これが(5.93)を満たしていることは直接代入して確かめることができる(演習問題[7]). (5.94)は $t>0$ のとき, $x \to \pm\infty$ で $u \to 0$ となる. すなわち $u(t, \pm\infty)=0$ の境界条件を満たしている. また $t \to +0$ の極限をとると, $x=0$ のとき, $u \to \infty$, $x \neq 0$ のとき $u \to 0$ となることがわかる. すなわち, 解(5.94)は初期条件 $u(x,0)=\infty$ ($x=0$ のとき), $u(x,0)=0$ ($x \neq 0$ のとき)を満たしているものである. さらに, 次章の多重積分の結果の式(6.9)を用いると

$\int_{-\infty}^{\infty} u(x,t)dx=1$ が成り立っていることもわかる．こうした性質をもつ初期条件の関数はこれまで扱ってきた関数の概念からははみ出したものである．これは**超関数**という関数族の1つで，とくにディラック(Dirac)のデルタ関数と名付けられている(本シリーズ第6巻『フーリエ解析』参照)．また $t>0$ で固定したとき，(5.94)の右辺は確率統計で重要な正規分布の関数形そのものである(本シリーズ第7巻『確率・統計』参照)．したがって，解(5.94)は最初 $x=0$ に集中していた u が正規分布の形を保ちながら拡がっていく様子を示していることになる．さきに，ランダムウォークの解が2項分布に従いながら拡がっていくと述べたが，この解はそれを連続近似したものであるといってよい．2項分布の連続極限が正規分布になるのである．

なお，こうした解の特徴から，(5.93)を**拡散方程式**という．生物の移動過程だけでなく，熱伝導や粒子の拡散過程など幅広い分野で現れる方程式である．さらに，(5.93)は微分作用素の部分だけをとり出すと，$\partial/\partial t=\partial^2/\partial x^2$ となっており，曲線との類推から**放物型方程式**と呼ばれることがある．

　ラプラス方程式　　こんどは，生物が直線上ではなく図5-12のような XY 平面内の格子点を移動する場合を考えてみよう．上下左右に各個体が移動する確率が等しく $\frac{1}{4}$ であるとすると，移動過程は

$$u(x,y,t+\Delta t) = \frac{1}{4}\{u(x+\Delta x,y,t)+u(x-\Delta x,y,t)+u(x,y+\Delta y,t)$$
$$+u(x,y-\Delta y,t)\} \tag{5.95}$$

と表すことができる．この場合，生物の個体数 u は時刻 t と2つの空間変数 x,y に依存しているのである．

　やはり，$\Delta x, \Delta y, \Delta t$ が小さいとして各項をテイラー展開する．簡単のために $(\Delta x)^2/\Delta t=(\Delta y)^2/\Delta t=4$ とおいて，$\Delta x, \Delta y, \Delta t\to 0$ の極限をとると，(5.95)は

$$\frac{\partial u(x,y,t)}{\partial t} = \frac{\partial^2 u(x,y,t)}{\partial x^2}+\frac{\partial^2 u(x,y,t)}{\partial y^2} \tag{5.96}$$

の偏微分方程式に移行する．この方程式は空間2次元の拡散方程式であり，解の振舞いは1次元の場合と本質的に変らない．

　いま，(5.96)で u が t によらないとしよう．このとき方程式は

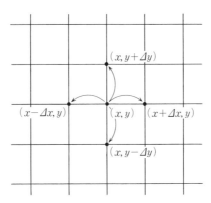

図5-12 平面上の生物の移動

$$\triangle u = \frac{\partial^2 u(x,y)}{\partial x^2} + \frac{\partial^2 u(x,y)}{\partial y^2} = 0 \qquad (5.97)$$

となる．ただし，$\triangle$ は(5.82)で定義したラプラス作用素の2変数版である．そのためこの方程式を**ラプラス方程式**という．やはり微分作用素と曲線との類推から**楕円型方程式**と呼ばれることもある．この型の方程式はたとえば電場や流れ場のような場を記述する際によく現れる．

　ラプラス方程式の解の特徴は，やはり差分方程式に戻って考えると直観的に理解できる．従属変数 u が t によらないとすると，(5.95)はある点での u の値がまわりの4点の相加平均になっていることを示している．したがってある点での u の値は，まわりすべての点の u の値より大きくも小さくもなりえない．すなわち方程式の解は考えている領域の内部のどこかで突出することがなく，調和のとれた状態を示すのである．こうした理由で，(5.97)を**調和方程式**，またその解を**調和関数**ということもある．

　波動方程式　　最後に2つの独立変数をもつ偏差分方程式でもっとも簡単な

$$u(x, t+\Delta t) = u(x-\Delta x, t) \qquad (5.98)$$

を考えてみよう．この式は，ある時刻 t_0, ある点 x_0 における u の値が Δt だけ時間が経過したとき，Δx 離れた点で再現するという状況を表している（図

5-13 参照). 点 x_0 における情報が次々と $\mathit{\Delta}x$ 離れた点に伝達しているといって
よい. 波なのである.

さて,(5.98)についてこれまで同様 $\mathit{\Delta}x, \mathit{\Delta}t$ が小さいとしてテイラー展開し
てみよう. いま $\mathit{\Delta}x/\mathit{\Delta}t = c$(正定数)として, $\mathit{\Delta}x, \mathit{\Delta}t \to 0$ の極限をとると(5.98)
は

$$\frac{\partial u(x,t)}{\partial t} = c\frac{\partial u(x,t)}{\partial x} \tag{5.99}$$

の偏微分方程式に移行する. この式は**波動方程式**と呼ばれる方程式の中でもっ
とも簡単なものである. 定数 c は, 進んだ距離÷かかった時間, つまり速さに
相当している.

(5.99)は $u(x,0) = f(x)$ としたとき $u(x,t) = f(x-ct)$ の解をもっているこ
とがわかる. なぜなら $z = x - ct$ としたとき,

$$\frac{\partial u}{\partial t} = \frac{\partial f}{\partial z}\frac{\partial z}{\partial t} = -c\frac{\partial f}{\partial z}, \qquad \frac{\partial u}{\partial x} = \frac{\partial f}{\partial z}\frac{\partial z}{\partial x} = \frac{\partial f}{\partial z}$$

が成り立つからである. この解は初期($t=0$)における u の関数形 $f(x)$ が変化
せずに c の速さで右向きに伝わる波を表している. もとの偏差分方程式につい
て述べた解の特徴が偏微分方程式でも保たれているのである.

こんどは左右両方向に伝わる波を考えてみよう. そのためには

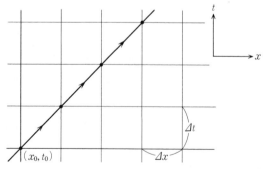

図 **5**-13 波の伝達

$$u(x, t+\Delta t)+u(x, t-\Delta t) = u(x+\Delta x, t)+u(x-\Delta x, t) \qquad (5.100)$$

の偏差分方程式から出発すればよい. 上式の左辺第1項と右辺第2項, 左辺第2項と右辺第1項をとり出せば右向きに伝わる波, 左辺第1項と右辺第1項, 左辺第2項と右辺第2項をとり出せば左向きに伝わる波を表すことになる.

差分方程式(5.98)と同様, (5.100)を x, t についてテイラー展開し, $\Delta x/\Delta t$ $=c$ とおいて $\Delta x, \Delta t \to 0$ の極限をとると

$$\frac{\partial^2 u(x, t)}{\partial t^2} = c^2 \frac{\partial^2 u(x, t)}{\partial x^2} \qquad (5.101)$$

の偏微分方程式に移行する. この式も波動方程式であり, 微分作用素と曲線との類推から**双曲型方程式**と呼ばれることもある.

微分方程式(5.101)は f, g を任意の関数として,

$$u(x, t) = f(x-ct)+g(x+ct) \qquad (5.102)$$

の解をもつことが知られている. これを**ダランベール(d'Alembert)の解**という. この解は単に c の速さで右向きに伝わる波と左向きに伝わる波の重ね合せであることを述べているにすぎない. (5.102)が(5.101)を満たすことは以下のようにして示すことができる. いま(5.101)を

$$\left(\frac{\partial^2}{\partial t^2}-c^2\frac{\partial^2}{\partial x^2}\right)u = \left(\frac{\partial}{\partial t}-c\frac{\partial}{\partial x}\right)\left(\frac{\partial}{\partial t}+c\frac{\partial}{\partial x}\right)u = 0$$

と書き直そう. 3-5節例1同様, 作用素を因数分解したのである. この式から, $\left(\frac{\partial}{\partial t}+c\frac{\partial}{\partial x}\right)u=0$ を満たす $u=f(x-ct)$ は確かに解であることがわかる. 同様に, $\left(\frac{\partial}{\partial t}-c\frac{\partial}{\partial x}\right)u=0$ を満たす $u=g(x+ct)$ も解である. (5.102)は u について線形の方程式であるから, 2つを重ね合わせた $f(x-ct)+g(x+ct)$ も解になるのである.

以上3つの代表的な偏微分方程式, 拡散方程式・ラプラス方程式・波動方程式を紹介してきた. もっと一般的な状況のもとでこれらの方程式の解をどう求めるかについては, 先に触れたように本シリーズ第4巻『偏微分方程式』で詳しく述べられる.

第5章　演習問題

[1]　次の関数について，$\partial z/\partial x$, $\partial z/\partial y$, $\partial^2 z/\partial x^2$, $\partial^2 z/\partial x \partial y$, $\partial^2 z/\partial y^2$ および全微分を求めよ．

(a)　$z = x^2 - xy^2 + y^3 - 1$　　　(b)　$z = \sin^{-1}\dfrac{x}{y}$

[2]　5-1節例8の直角直線座標と極座標の偏導関数についての関係式(5.30)～(5.32)を導け．

[3]　次の関数の極値を求めよ．

(a)　$f(x, y) = xy(x^2 + y^2 - 1)$

(b)　条件 $f(x, y) = x^2 + y^2 - 1 = 0$ の下で $g(x, y) = x^3 + y^3$

[4]　$x^3 + y^3 - 3xy = 0$ のとき，dy/dx, d^2y/dx^2 を求めよ．

[5]　(a)　スカラー場 $f = \ln xyz$ に対して，$\mathrm{grad}\,f$, $\triangle f$ を求めよ．

(b)　ベクトル場 $\boldsymbol{v} = xe^z\boldsymbol{i} + ye^z\boldsymbol{j} - z\boldsymbol{k}$ に対して，$\mathrm{div}\,\boldsymbol{v}$, $\mathrm{rot}\,\boldsymbol{v}$ を求めよ．

[6]　スカラーとベクトルの積の微分公式のうち，(5.85), (5.87)を示せ．

[7]　関数 $u(x, t) = \dfrac{1}{2\sqrt{\pi t}}e^{-\frac{x^2}{4t}}$ が $\dfrac{\partial u}{\partial t} = \dfrac{\partial^2 u}{\partial x^2}$ を満足していることを示せ．

6 さまざまな積分

定積分の考え方「積和の極限」は多変数関数にも同じように適用できる．それが多重積分である．定積分が平面上の図形の面積とかかわっていたように，多重積分は空間中の図形の体積と関係がある．本章では，この多重積分とともに，応用上重要なさまざまな積分を順に眺めていくことにする．

6-1 多重積分

2重積分　いま図 6-1 のように，XY 平面上有界な領域 D で定義されている 2 変数関数 $z = f(x, y)$ について，和

$$V = \sum_1 M_{ij} \Delta S_{ij} \tag{6.1}$$

$$v = \sum_2 m_{ij} \Delta S_{ij} \tag{6.2}$$

を考えよう．ただし，ΔS_{ij} は図 6-2 のように D をおおう格子の矩形小領域 ΔD_{ij} の面積 $\Delta x_i \Delta y_j = (x_i - x_{i-1})(y_j - y_{j-1})$ であり，M_{ij}, m_{ij} はそれぞれ ΔD_{ij} における関数 $f(x, y)$ の最大値，最小値である．また $\sum_1$ は D と共通部分をもつすべての ΔD_{ij} にわたる和，$\sum_2$ は D に完全に含まれるすべての ΔD_{ij} にわたる和を表す．なお，ΔD_{ij} の中のある点を (ξ_{ij}, η_{ij}) と書いたとき，定積分同様

$$\sum_{1 \text{または} 2} f(\xi_{ij}, \eta_{ij}) \Delta S_{ij}$$

でリーマン和が定義されるが，その値は v と V の間に存在する．

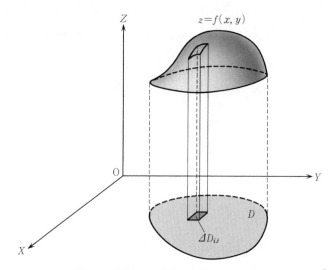

図6-1 領域 D で定義された関数 $f(x, y)$

格子をどんどん細かくする，すなわち，$\Delta x_1, \Delta x_2, \cdots, \Delta x_N, \Delta y_1, \Delta y_2, \cdots, \Delta y_M$ の最大値 Δ を 0 に近づける．このとき，V と v の極限が存在し一致すれば，その値は関数 $f(x, y)$ のグラフと底面 D との間の立体の体積に等しくなり，それを $\displaystyle\iint_D f(x, y) dS$ と書く．すなわち，

$$\iint_D f(x, y) dS = \lim_{\Delta \to 0} V = \lim_{\Delta \to 0} v \tag{6.3}$$

この積分を領域 D における関数 $f(x, y)$ の **2重積分**といい，$\displaystyle\iint_D f(x, y) dx dy$ と書くこともある．また誤解のないときには $\displaystyle\iint_D$ の代りに $\displaystyle\int_D$ と書いてもよい．なお $dS = dx dy$ を**面積要素**という．

どういう場合に2重積分が存在するかを正確に述べるには，1変数の定積分で触れたルベーグ積分を考える必要がある．ここでは，関数 $f(x, y)$ が D で連続であり，D の境界のところにある矩形小領域の面積 ΔS_{ij} の和が $\Delta \to 0$ の極限で 0 に近づく（すなわちある意味で D が面積をもっている）とき，2重積分が存在することを指摘するにとどめておこう．なお，図6-3のように関数 $y = g(x)$，$y = h(x)$ が区間 $[a, b]$ で連続で $g(x) \geqq h(x)$，$g(a) = h(a)$，$g(b) =$

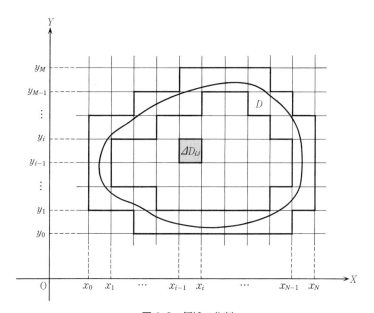

図 6-2　領域の分割

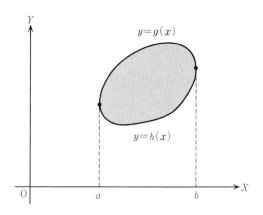

図 6-3　$y = g(x)$, $y = h(x)$ で囲まれた領域

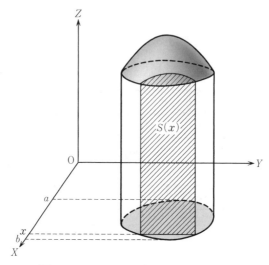

図6-4 スライスしたものを足し合わせる

$h(b)$ を満たしているとき，$y=g(x)$, $y=h(x)$ で囲まれる領域は上の意味で
面積をもつことがわかっている．

2重積分を立体の体積と考えたとき，それは次のように定積分を繰り返し用
いて得ることもできる．図6-4のような立体を考えよう．まず点 $(x,0,0)$ を
含み YZ 平面に平行な平面で切り，その切り口の面積 $S(x)$ を求める．これは
定積分で計算できるものである．こうした切り口が $a \leqq x \leqq b$ で考えられると
き，$\displaystyle\int_a^b S(x)dx$ が2重積分を与えることになる．すなわちスライスしたものを
足し合わせればよいのである．

関数 $f(x,y)$ が領域 D で有界でないときや，D 自身が有界でないときにも，
1変数関数と同様，体積をもてば広義積分の意味で $\displaystyle\iint_D f(x,y)dxdy$ は存在する．
すなわち f は D で積分可能となる．

2重積分が存在するとき，やはり定積分と同様，以下の性質が成り立つ．

(1) **線形性** c_1, c_2 を定数として，

$$\iint_D \{c_1 f(x,y)+c_2 g(x,y)\}dxdy = c_1\iint_D f(x,y)dxdy+c_2\iint_D g(x,y)dxdy \qquad (6.4)$$

(2)　**領域の分割**　D が 2 つの領域 D_1, D_2 に分割されているとき,

$$\iint_D f(x,y)dxdy = \iint_{D_1} f(x,y)dxdy + \iint_{D_2} f(x,y)dxdy \qquad (6.5)$$

これらの性質は 2 重積分の定義に戻って示せるものである. さらに $\iint_D dxdy$ は D の面積 S に等しいことを指摘しておこう. この積分は正確には $\iint_D 1dxdy$ と書くべきであるが, 1 を省略しても誤解を生じないので省いている.

　　2 重積分の計算　　2 重積分を具体的に計算するには, まず 1 つの積分変数についての積分を行なってから, さらにもう 1 つの積分変数についての積分を行なうという**累次積分**の方法を用いることができる. これはスライスして足し合わせるという考え方を適用したものである. 例を見てみよう.

　　[例 1]　図 6-5 の網かけの領域を D として,

$$I = \iint_D (x+3y^2)dxdy$$

を求める.

　　まず y についての積分を行なったのち, x についての積分を行なう.

$$I = \int_0^1 \left\{ \int_0^x (x+3y^2)dy \right\} dx = \int_0^1 [xy+y^3]_0^x dx$$
$$= \int_0^1 (x^2+x^3)dx = \left[\frac{x^3}{3} + \frac{x^4}{4} \right]_0^1 = \frac{7}{12}$$

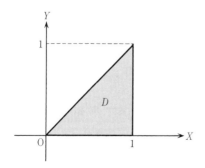

図 6-5　領域 D

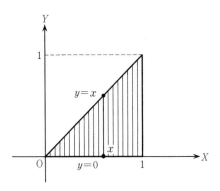

図6-6 x を固定して y について積分

最初に x を固定して y について 0 から x まで積分し，その結果は x の関数であるので，今度はそれを x について 0 から 1 まで積分しているのである（図6-6参照）. ▌

もっと一般的な場合にも同様に計算すればよい．たとえば図6-3のような領域 D で連続な関数 $f(x,y)$ については次のようになる.

$$\iint_D f(x,y)dxdy = \int_a^b \left\{\int_{h(x)}^{g(x)} f(x,y)dy\right\}dx \tag{6.6}$$

この結果の{ }内は x の関数であり，さらに x に関する積分を実行して積分値が得られるというわけである．なお，右辺は次のように書いてもよい.

$$\int_a^b dx\left\{\int_{h(x)}^{g(x)} f(x,y)dy\right\}$$

積分順序の変更　例1の計算で x と y の役割を交換してみよう．すなわち，まず y を固定して x について積分し，得られた y の関数を積分するのである．図6-7を参考にして具体的に計算を実行すると，

$$I = \int_0^1 \left\{\int_y^1 (x+3y^2)dx\right\}dy = \int_0^1 \left[\frac{1}{2}x^2 + 3y^2 x\right]_y^1 dy$$
$$= \int_0^1 \left(\frac{1}{2} + \frac{5}{2}y^2 - 3y^3\right)dy = \left[\frac{1}{2}y + \frac{5}{6}y^3 - \frac{3}{4}y^4\right]_0^1 = \frac{7}{12}$$

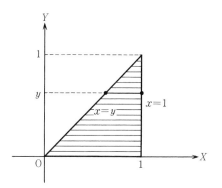

図 6-7 y を固定して x について積分

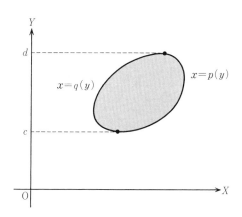

図 6-8 $x=p(y),\ x=q(y)$ で囲まれる領域

となる. もちろん前と同じ結果である.

このように, (6.6)の公式の右辺を

$$\int_c^d \left\{ \int_{q(y)}^{p(y)} f(x,y)dx \right\} dy$$

とおきかえることを**積分順序の変更**という. ただし, $p(y), q(y), c, d$ は図 6-3
と同じ領域について, 図 6-8 のように定めている.

例題 6-1　2重積分

$$I = \int_0^1 \left\{ \int_{-x}^x f(x,y)\,dy \right\} dx$$

の積分順序を変更せよ.

［解］　これは図 6-9 のような 3 角形領域での積分である. 図の線分を参考にして順序を変更すると,

$$I = \int_{-1}^0 \left\{ \int_{-y}^1 f(x,y)\,dx \right\} dy + \int_0^1 \left\{ \int_y^1 f(x,y)\,dx \right\} dy \quad ∎$$

多重積分　2 重積分と同様に 3 重積分や 4 重積分を定義することもできる. それらをまとめて**多重積分**という. ここでは 3 重積分の定義を述べておくことにしよう.

関数 $f(x,y,z)$ は 3 次元領域 D で連続とする. 領域 D を n 個の小領域 ΔD_1, $\Delta D_2, \cdots, \Delta D_n$ に分割する. 小領域 ΔD_k の体積を $\Delta V_k = \Delta x_k \Delta y_k \Delta z_k$, その中の適当な点を P_k として, 和

$$I_n = \sum_{k=1}^n f(P_k)\Delta V_k = \sum_{k=1}^n f(P_k)\Delta x_k \Delta y_k \Delta z_k \tag{6.7}$$

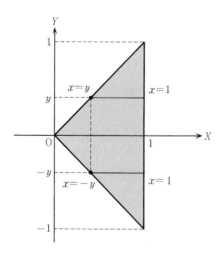

図 6-9　3 角形領域

を考える. 各小領域内の距離の最大値が 0 になるように分割を細かくしたとき
の I_n の極限値が存在すれば, それを $f(x,y,z)$ の D における **3重積分**といい,
$\iiint_D f(x,y,z)dV$ や $\iiint_D f(x,y,z)dxdydz$ と書く. すなわち,

$$\iiint_D f(x,y,z)dV = \iiint_D f(x,y,z)dxdydz = \lim_{n\to\infty} I_n \qquad (6.8)$$

なお $dV=dxdydz$ を**体積要素**という.

　3 重積分の具体的な計算は, 2 重積分同様, 累次積分の方法を用いればよい.
例を 1 つあげておこう.

　[例2]　D を $x^2+y^2+z^2\leqq a^2$, $a>0$ で定まる領域とし, $I=\iiint_D dxdydz$ を
求める.

　まず x,y を固定し z について積分する. z の積分の上限は $\sqrt{a^2-x^2-y^2}$, 下
限は $-\sqrt{a^2-x^2-y^2}$ である. 次に x を固定して y について積分する. x,y は
$x^2+y^2\leqq a^2$ を満たしており, y の積分の上限は $\sqrt{a^2-x^2}$, 下限は $-\sqrt{a^2-x^2}$ と
なる. 最後に, x は $x^2\leqq a^2$ を満たしているので, x の積分の上限は a, 下限は
$-a$ ととればよい. したがって,

$$I = \int_{-a}^{a}\left\{\int_{-\sqrt{a^2-x^2}}^{\sqrt{a^2-x^2}}\left(\int_{-\sqrt{a^2-x^2-y^2}}^{\sqrt{a^2-x^2-y^2}} dz\right)dy\right\}dx$$
$$= \int_{-a}^{a}\left(\int_{-\sqrt{a^2-x^2}}^{\sqrt{a^2-x^2}} 2\sqrt{a^2-x^2-y^2}dy\right)dx$$
$$= \int_{-a}^{a}\left[y\sqrt{a^2-x^2-y^2}+(a^2-x^2)\sin^{-1}\frac{y}{\sqrt{a^2-x^2}}\right]_{-\sqrt{a^2-x^2}}^{\sqrt{a^2-x^2}} dx$$
$$= \int_{-a}^{a}\pi(a^2-x^2)dx = \frac{4}{3}\pi a^3 \quad ∎$$

　この例の領域は半径 a の球の内部である. 上記の計算はじつはその体積を
求めているのである. なお積分を計算する際, $\sin^{-1} t$ は主値, すなわち $-\pi/2$
$\leqq\sin^{-1} t\leqq\pi/2$ として求めていることを注意しておこう.

　積分変数の変換　第 5 章で多変数関数の変数を変換することの重要性を指
摘した. 多重積分においても, 変数変換により解析が簡単になる場合がしばし
ばある. まず 2 次元の極座標の例を見てみよう.

　極座標における 2 重積分は形式的に $\iint_D f(r,\theta)dS$ と書くことができるが,

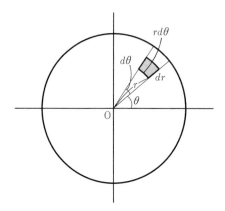

図6-10 極座標における面積要素

面積要素 dS を r, θ で表す必要がある．そのためには図6-10を参考にすれば
よい．図の網かけの部分の面積で，$dr, d\theta$ を小さくした極限が面積要素である．
$dr, d\theta$ が十分小さいとき，灰色の部分は辺の長さがそれぞれ $dr, rd\theta$ の長方形
で近似できるので，面積要素は $dS = rdrd\theta$ となる．したがって2次元の極座
標を用いた2重積分は

$$\iint_D f(r, \theta) rdrd\theta$$

と書かれることになる．具体的な計算においてはもちろん領域 D も極座標で
表す必要がある．

　[例3] D を原点中心，半径 a の円形領域とし，

$$I = \iint_D e^{-x^2-y^2} dxdy$$

を求める．

　円形領域なので，極座標を用いると便利である．領域 D は $0 \leqq r \leqq a$，$0 \leqq \theta$
$< 2\pi$ となり，$x^2 + y^2 = r^2$ であるから，

$$I = \int_0^{2\pi} \left\{ \int_0^a e^{-r^2} rdr \right\} d\theta$$

と変形できる．計算を実行すると，

$$I = \int_0^{2\pi} \left[-\frac{1}{2} e^{-r^2} \right]_0^a d\theta = \int_0^{2\pi} \frac{1}{2}(1-e^{-a^2}) d\theta$$

$$= \left[\frac{1}{2}(1-e^{-a^2})\theta \right]_0^{2\pi} = \pi(1-e^{-a^2}) \quad \blacksquare$$

この結果で円形領域の半径 a を ∞ とすると，D は XY 平面全体となる．すなわち，I は広義積分になるが，$a \to \infty$ での I の極限は有限値 π になるので，もちろん広義積分は意味をもっている．このとき極座標から直角直線座標に戻って積分を書いてみると，

$$\int_{-\infty}^{\infty} \int_{-\infty}^{\infty} e^{-x^2-y^2} dxdy = \left(\int_{-\infty}^{\infty} e^{-x^2} dx \right)\left(\int_{-\infty}^{\infty} e^{-y^2} dy \right) = \pi$$

となっていることがわかる．中辺の2つの積分は等しくかつ正値をとるから，

$$\int_{-\infty}^{\infty} e^{-x^2} dx = \sqrt{\pi} \tag{6.9}$$

という結果が得られる．この積分は正規分布に関連した公式としてよく用いられるものである．

　[例4] ガンマ関数 $\Gamma(s)$ の $s=\frac{1}{2}$ における値が $\sqrt{\pi}$ であることを示す．

$\Gamma\left(\frac{1}{2}\right) = \int_0^{\infty} e^{-x} x^{-1/2} dx$ において $x = y^2$ という変数変換を施すと，$\Gamma\left(\frac{1}{2}\right) = 2\int_0^{\infty} e^{-y^2} dy = \int_{-\infty}^{\infty} e^{-y^2} dy = \sqrt{\pi}$．　$\blacksquare$

　もっと一般の場合における積分変数の変換にすすむことにしよう．とりあえずは2重積分の場合を扱うことにする．いま直角直線座標 (x, y) と

$$x = \xi(u, v), \quad y = \eta(u, v) \tag{6.10}$$

で関係づけられる曲線座標 (u, v) を考える．極座標の場合には $u=r$, $v=\theta$ として $x = r\cos\theta$, $y = r\sin\theta$ である．図6-11に XY 平面で $u=$一定，$v=$一定である曲線と，それぞれ u を $u+\Delta u$，v を $v+\Delta v$ でおきかえた曲線が描かれている．4つの曲線で囲まれた領域 ABCD の面積は，$\Delta u, \Delta v$ が微小なとき，$\overline{\text{AB}}, \overline{\text{AD}}$ を2辺とする平行4辺形の面積で近似することができる．これが U, V 座標における面積要素を与えると考えてよい．

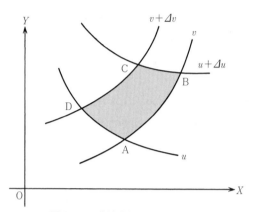

図6-11 曲線座標での面積要素

いま点 A の X, Y 座標が(6.10)であるとすると, 点 B の X, Y 座標は $\xi(u+\varDelta u, v)$, $\eta(u+\varDelta u, v)$, 点 D の X, Y 座標は $\xi(u, v+\varDelta v)$, $\eta(u, v+\varDelta v)$ である. これらを $\xi(u, v)$, $\eta(u, v)$ のまわりでテイラー展開することにより以下の式が得られる.

$$\xi(u+\varDelta u, v)-\xi(u, v) = \frac{\partial\xi(u, v)}{\partial u}\varDelta u+O((\varDelta u)^2) \tag{6.11}$$

$$\eta(u+\varDelta u, v)-\eta(u, v) = \frac{\partial\eta(u, v)}{\partial u}\varDelta u+O((\varDelta u)^2) \tag{6.12}$$

$$\xi(u, v+\varDelta v)-\xi(u, v) = \frac{\partial\xi(u, v)}{\partial v}\varDelta v+O((\varDelta v)^2) \tag{6.13}$$

$$\eta(u, v+\varDelta v)-\eta(u, v) = \frac{\partial\eta(u, v)}{\partial v}\varDelta v+O((\varDelta v)^2) \tag{6.14}$$

これらはそれぞれ順に, 線分 $\overline{\mathrm{AB}}$ の X 方向, Y 方向の変化分, 線分 $\overline{\mathrm{AD}}$ の X 方向, Y 方向の変化分を与えている. ここで $\varDelta u, \varDelta v$ について2次以上の微小量を無視し, さらに X, Y 方向の単位ベクトル $\boldsymbol{i}, \boldsymbol{j}$ を導入すると, 線分 $\overline{\mathrm{AB}}$, $\overline{\mathrm{AD}}$ は A を始点とするベクトルとしてそれぞれ

$$\frac{\partial \xi}{\partial u}\Delta u\boldsymbol{i} + \frac{\partial \eta}{\partial u}\Delta u\boldsymbol{j}, \quad \frac{\partial \xi}{\partial v}\Delta v\boldsymbol{i} + \frac{\partial \eta}{\partial v}\Delta v\boldsymbol{j}$$

で表されることになる. 1-2節で見たように $\overline{\mathrm{AB}},\ \overline{\mathrm{AD}}$ を2辺とする平行4辺形の面積はこの2つのベクトルのベクトル積の大きさに等しい. したがって U, V 座標における面積要素 dS は

$$dS = \left| \left(\frac{\partial \xi}{\partial u}du\boldsymbol{i} + \frac{\partial \eta}{\partial u}du\boldsymbol{j} \right) \times \left(\frac{\partial \xi}{\partial v}dv\boldsymbol{i} + \frac{\partial \eta}{\partial v}dv\boldsymbol{j} \right) \right|$$

$$= \left| \frac{\partial \xi}{\partial u}\frac{\partial \eta}{\partial v} - \frac{\partial \eta}{\partial u}\frac{\partial \xi}{\partial v} \right| dudv \tag{6.15}$$

で与えられることになる. ただし, 上式で微小量 $\Delta u, \Delta v$ をそれぞれ du, dv と書きかえていることに注意しよう. なお(6.15)式右辺の絶対値の中身は2次の行列式で表すことができる. この行列式を

$$J = \frac{\partial(x, y)}{\partial(u, v)} = \begin{vmatrix} \partial \xi/\partial u & \partial \eta/\partial u \\ \partial \xi/\partial v & \partial \eta/\partial v \end{vmatrix} \tag{6.16}$$

と表し, **ヤコビ行列式**もしくは**ヤコビアン**(Jacobian)という.

　[例5]　直角直線座標から極座標への変換 $x = r\cos\theta,\ y = r\sin\theta$ に対してヤコビ行列式を求める.

$$J = \begin{vmatrix} \partial x/\partial r & \partial y/\partial r \\ \partial x/\partial \theta & \partial y/\partial \theta \end{vmatrix} = \begin{vmatrix} \cos\theta & \sin\theta \\ -r\sin\theta & r\cos\theta \end{vmatrix} = r \quad \blacksquare$$

この結果から極座標における面積要素 $rdrd\theta$ が再現されることになる.

　以上の内容を整理しておこう. XY 平面の領域 D で定義された関数 $f(x, y)$ の2重積分 $\displaystyle\iint_D f(x, y)dxdy$ に対して(6.10)の変数変換を施す. このとき D に対応する UV 平面の領域を D' とすると, 変換公式

$$\iint_D f(x, y)dxdy = \iint_{D'} f(\xi(u, v), \eta(u, v))|J|dudv \tag{6.17}$$

が成り立つ. ただし J は(6.16)で定義される行列式である.

　この公式がどのような変換に対して成り立つかを正確にいうためには, 多くの準備をしなければならない. ここでは, D と D' の点どうしが1対1に対応している場合に成立する. さらに1対1に対応していなくても, それが $J = 0$

となる点だけの場合であれば，積分に寄与せず大丈夫であることを指摘するにとどめておこう．例4の極座標の場合，$r > 0$ では $J > 0$ であり，$r = 0$ は面積 0 で積分に寄与しないので，変換公式は問題なく成り立っているのである．

変数変換の公式は多重積分の場合にも同様に成立する．公式を(6.17)の形で書いたのは，同じ表現が多重積分にもあてはまるからである．ここでは3重積分について簡単に結果を見ておこう．

いま直角直線座標 (x, y, z) と曲線座標 (u, v, w) が

$$x = \xi(u, v, w), \quad y = \eta(u, v, w), \quad z = \zeta(u, v, w)$$

で関係づけられているとする．直角直線座標の体積要素 $dV = dxdydz$ が曲線座標でどう表されるかが問題である．そのためには2重積分のときと同様，Δu, Δv, Δw を微小量として，3次元空間中で $u = $ 一定，$v = $ 一定，$w = $ 一定 である曲面と，それぞれ u を $u + \Delta u$，v を $v + \Delta v$，w を $w + \Delta w$ でおきかえた曲面を考え，6つの曲面で囲まれる領域の体積の近似式を求めればよい．それは Z 方向の単位ベクトルを $\boldsymbol{k}$ として，

$$\frac{\partial \xi}{\partial u}\Delta u\boldsymbol{i} + \frac{\partial \eta}{\partial u}\Delta u\boldsymbol{j} + \frac{\partial \zeta}{\partial u}\Delta u\boldsymbol{k}$$

$$\frac{\partial \xi}{\partial v}\Delta v\boldsymbol{i} + \frac{\partial \eta}{\partial v}\Delta v\boldsymbol{j} + \frac{\partial \zeta}{\partial v}\Delta v\boldsymbol{k}$$

$$\frac{\partial \xi}{\partial w}\Delta w\boldsymbol{i} + \frac{\partial \eta}{\partial w}\Delta w\boldsymbol{j} + \frac{\partial \zeta}{\partial w}\Delta w\boldsymbol{k}$$

の3つのベクトルを3辺とする平行6面体の体積で与えられる．第1章演習問題 [4] の結果を用いて計算すると，その体積はヤコビ行列式を3変数の場合に拡張した

$$J = \frac{\partial(x, y, z)}{\partial(u, v, w)} = \begin{vmatrix} \partial\xi/\partial u & \partial\eta/\partial u & \partial\zeta/\partial u \\ \partial\xi/\partial v & \partial\eta/\partial v & \partial\zeta/\partial v \\ \partial\xi/\partial w & \partial\eta/\partial w & \partial\zeta/\partial w \end{vmatrix} \tag{6.18}$$

により，$|J|\Delta u\Delta v\Delta w$ と表せることがわかる．したがって，関数 $f(x, y, z)$ の3重積分に対する変数変換の公式は(6.17)と同様，

$$\iiint_D f(x, y, z)dxdydz = \iiint_{D'} f(\xi(u, v, w), \eta(u, v, w), \zeta(u, v, w))\,|J|\,dudvdw \tag{6.19}$$

と書かれることになる。ただし，D は XYZ 空間の領域，D' は対応する UVW 空間の領域である。

[例6] 5-1節例8の球座標，例9の円柱座標の変数変換に対してヤコビ行列式を求める。

極座標について，

$$J = \begin{vmatrix} \partial x/\partial r & \partial y/\partial r & \partial z/\partial r \\ \partial x/\partial \theta & \partial y/\partial \theta & \partial z/\partial \theta \\ \partial x/\partial \varphi & \partial y/\partial \varphi & \partial z/\partial \varphi \end{vmatrix}$$

$$= \begin{vmatrix} \sin\theta\cos\varphi & \sin\theta\sin\varphi & \cos\theta \\ r\cos\theta\cos\varphi & r\cos\theta\sin\varphi & -r\sin\theta \\ -r\sin\theta\sin\varphi & r\sin\theta\cos\varphi & 0 \end{vmatrix} = r^2\sin\theta$$

円柱座標について

$$J = \begin{vmatrix} \partial x/\partial r & \partial y/\partial r & \partial z/\partial r \\ \partial x/\partial \theta & \partial y/\partial \theta & \partial z/\partial \theta \\ \partial x/\partial z & \partial y/\partial z & \partial z/\partial z \end{vmatrix} = \begin{vmatrix} \cos\theta & \sin\theta & 0 \\ -r\sin\theta & r\cos\theta & 0 \\ 0 & 0 & 1 \end{vmatrix} = r$$

円柱座標の場合，z を無視すると当然ながら2次元の極座標と同じものになっている。

例題 6-2 D を

$$\frac{x^2}{a^2} + \frac{y^2}{b^2} + \frac{z^2}{c^2} \leq 1 \qquad (a, b, c > 0)$$

で定まる楕円体の領域としたとき，

$$I = \iiint_D x^2 dx dy dz$$

を求めよ。

[解] 球座標にならって，$x = ar\sin\theta\cos\varphi$, $y = br\sin\theta\sin\varphi$, $z = cr\cos\theta$ と変数変換すると，D は $0 \leq r \leq 1$, $0 \leq \theta \leq \pi$, $0 \leq \varphi < 2\pi$ の球領域 D' に移る。この変数変換に対して，

$$J = \begin{vmatrix} \partial x/\partial r & \partial y/\partial r & \partial z/\partial r \\ \partial x/\partial \theta & \partial y/\partial \theta & \partial z/\partial \theta \\ \partial x/\partial \varphi & \partial y/\partial \varphi & \partial z/\partial \varphi \end{vmatrix}$$

$$= \begin{vmatrix} a\sin\theta\cos\varphi & b\sin\theta\sin\varphi & c\cos\theta \\ ar\cos\theta\cos\varphi & br\cos\theta\sin\varphi & -cr\sin\theta \\ -ar\sin\theta\sin\varphi & br\sin\theta\cos\varphi & 0 \end{vmatrix} = abcr^2\sin\theta$$

であり,

$$I = \iiint_{D'} a^2 r^2 \sin^2\theta \cos^2\varphi \cdot abcr^2 \sin\theta \, dr d\theta d\varphi$$

$$= a^3 bc \Big(\int_0^1 r^4 dr\Big)\Big(\int_0^\pi \sin^3\theta \, d\theta\Big)\Big(\int_0^{2\pi} \cos^2\varphi \, d\varphi\Big)$$

$$= a^3 bc \cdot \frac{1}{5} \cdot \frac{4}{3} \cdot \pi = \frac{4}{15}\pi a^3 bc \quad \blacksquare$$

6-2 線積分と面積分

本節では,線積分とよばれる平面上や空間中に描かれた曲線に沿っての積分,面積分とよばれる空間中の曲面上での積分を取り扱う.これらの基本的考え方はすでに見てきた定積分や多重積分と同じであるが,実際の式表現では曲っていることによる修正を加える必要がある.そのためにまず曲線の長さを積分で表すことから考えていくことにする.

曲線の長さ　いま図6-12のようにXY平面上の関数 $y=f(x)$ で表される曲線について,x の区間 $[a, b]$ における長さ s を求める式を導いてみよう.なお $f(x)$ はその区間で C^1 級すなわち df/dx が存在して連続であるとしておく.

まず区間 $[a, b]$ を $\varDelta x$ の間隔で n 等分して,分点を $x_0=a, x_1, x_2, \cdots, x_n=b$ とする.曲線上の点 (x_{k-1}, y_{k-1}) と (x_k, y_k) の距離 $\varDelta s_k$ は

$$\varDelta s_k = \sqrt{(x_k - x_{k-1})^2 + (y_k - y_{k-1})^2} = \varDelta x \sqrt{1 + \Big(\frac{y_k - y_{k-1}}{\varDelta x}\Big)^2} \qquad (6.20)$$

であり,定積分の場合と同様,区間 $[a, b]$ での曲線の長さは $\sum_{k=1}^{n} \varDelta s_k$ に対して $n\to\infty$(したがって $\varDelta x \to 0$)の極限をとったもので与えられる.ところで,関数 $y=f(x)$ は C^1 級であるから平均値の定理(3.29)により,

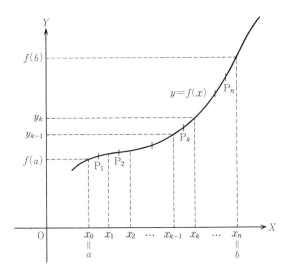

図 6-12 曲線の長さ

$$\frac{y_k - y_{k-1}}{\Delta x} = \frac{dy}{dx}(X_k) \tag{6.21}$$

ただし X_k は微小区間 (x_{k-1}, x_k) の 1 点，と書くことができる．したがって，定積分の定義を用いると，

$$\begin{aligned}
s &= \lim_{n \to \infty} \sum_{k=1}^{n} \Delta s_k \\
&= \lim_{n \to \infty} \sum_{k=1}^{n} \Delta x \sqrt{1 + \left\{ \frac{dy}{dx}(X_k) \right\}^2} \\
&= \int_a^b \sqrt{1 + \left(\frac{dy}{dx} \right)^2} dx
\end{aligned} \tag{6.22}$$

が得られる．

[例 1] 関数 $y = x^2$ について，x の区間 $[0, 1]$ の部分の長さを求める．$dy/dx = 2x$ であり，式(6.22)より

$$s = \int_0^1 \sqrt{1 + (2x)^2} dx = 2 \int_0^1 \sqrt{x^2 + \frac{1}{4}} dx$$

積分を実行して，

$$s = \left[x\sqrt{x^2 + \frac{1}{4}} + \frac{1}{4}\ln\left(x + \sqrt{x^2 + \frac{1}{4}} \right) \right]_0^1$$

$$= \frac{\sqrt{5}}{2} + \frac{1}{4}\ln\left(1 + \frac{\sqrt{5}}{2}\right) - \frac{1}{4}\ln\frac{1}{2} = \frac{\sqrt{5}}{2} + \frac{1}{4}\ln(2 + \sqrt{5}) \quad \blacksquare$$

パラメータによる曲線の表示　　こんどはパラメータによる曲線の表示を考えることにしよう．いま，XY 平面において座標 x, y が t の関数として，

$$x = \xi(t), \quad y = \eta(t) \tag{6.23}$$

で与えられているとする．t を時刻と考えて，点が動いていると思えばよい．このとき(6.23)は1つの曲線を表す．

　[例2]　楕円 $x^2/a^2 + y^2/b^2 = 1$ はパラメータ t を用いて，

$$x = \xi(t) = a\cos t, \quad y = \eta(t) = b\sin t \tag{6.24}$$

と表すことができる．t を0から 2π まで変化させたとき，点 (x, y) は楕円の周上をちょうど1まわりすることになる．　$\blacksquare$

　ここで後の目的のために，XY 平面上でパラメータ t を用いて表される曲線について，その1点 (x_0, y_0) における接線や法線の式を求めておこう．曲線が $y = f(x)$ と書かれているときの接線の式は

$$y - y_0 = \frac{df(x_0)}{dx}(x - x_0) \tag{6.25}$$

である．ところで3-1節の合成関数と逆関数の微分公式を用いると，

$$\frac{dy}{dx} = \frac{dy}{dt}\frac{dt}{dx} = \frac{dy/dt}{dx/dt} \tag{6.26}$$

が得られる．上式を(6.25)に代入すると，パラメータを用いて表される接線の方程式は，

$$\frac{d\xi}{dt}(y - y_0) - \frac{d\eta}{dt}(x - x_0) = 0 \tag{6.27}$$

で与えられることになる．同様にして，点 (x_0, y_0) における法線の方程式は

$$\frac{d\xi}{dt}(x_0 - x) + \frac{d\eta}{dt}(y_0 - y) = 0 \tag{6.28}$$

と表される．なお，$d\xi/dt = d\eta/dt = 0$ となる点では接線，法線が定義できない

ことに注意しよう.

　こんどは，パラメータを用いて表された曲線について長さを与える式を求めてみよう．再び図6-12の曲線を考える．x の区間 $[a, b]$ で，この曲線が (6.23) で表されており，$t=\alpha$ のとき点 $(a, f(a))$ を出発して，$t=\beta$ で点 $(b, f(b))$ に到達するとする．すなわち，$t=\alpha$ が $x=a$，$t=\beta$ が $x=b$ に対応し，$x=\xi(t)$ が t の増加関数であるとするのである．このとき，曲線の長さを与える式 (6.22) に変数変換 (6.23) を施せば，

$$s = \int_{\alpha}^{\beta} \sqrt{1+\left(\frac{dy}{dt}\middle|\frac{dx}{dt}\right)^2} \frac{dx}{dt} dt$$
$$= \int_{\alpha}^{\beta} \sqrt{\left(\frac{d\xi}{dt}\right)^2 + \left(\frac{d\eta}{dt}\right)^2} dt \tag{6.29}$$

が得られる．当然のことながら，この結果は (6.20) の代りに

$$\Delta s_k = \Delta t \sqrt{\left(\frac{x_k - x_{k-1}}{\Delta t}\right)^2 + \left(\frac{y_k - y_{k-1}}{\Delta t}\right)^2} \tag{6.30}$$

を用い，本節の最初と同じ議論をしても得られるものである.

　例題 6-3　式 $x=a(t-\sin t)$，$y=a(1-\cos t)$ $(a>0)$ で定まる曲線を**サイクロイド**(cycloid) という．この曲線は図6-13のように，1直線上を円がすべらずに転がるとき円周上の1点が描く軌跡である．その1点が XY 平面上の原

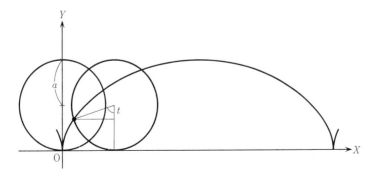

図6-13　サイクロイド

点を出発して，再び X 軸上にくるまでに描く軌跡の長さ l を求めよ．

［解］　原点は $t=0$ に相当し，再び X 軸上にくるのは $t>0$ で最初に $y=0$ となるとき，すなわち $t=2\pi$ のときである．$dx/dt=a(1-\cos t)$，$dy/dt=a\sin t$ であるから，(6.29)を用いて，

$$l = \int_0^{2\pi} \sqrt{a^2(1-\cos t)^2 + a^2\sin^2 t}\, dt$$

$$= a\int_0^{2\pi} \sqrt{2-2\cos t}\, dt = 2a\int_0^{2\pi} \sin\frac{t}{2} dt$$

$$= 2a\left[-2\cos\frac{t}{2}\right]_0^{2\pi} = 8a \quad\blacksquare$$

線積分　　もう一度図 6-12 の曲線を考える．曲線がパラメータ t を用いて (6.23) で表されており，こんどは曲線の各点で関数 $F(x,y)=F(\xi(t),\eta(t))$ が与えられているとしよう，このとき，図 6-12 のように分割された曲線の微小区間からそれぞれ 1 点 $P_1, P_2, \cdots, P_n$ をとり，それらの点における関数 F の値を簡単に $F_1, F_2, \cdots, F_n$ と書くことにする．

いま，各小区間での関数の値と区間の長さ (6.30) との積の和を作り，$n\to\infty$（したがって $\Delta t\to 0$）の極限をとることにより，曲線に沿った 1 つの積分を定義し，$\displaystyle\int_C F(x,y)ds$ と書く．すなわち，

$$\int_C F(x,y)ds = \lim_{n\to\infty} \sum_{k=1}^n F_k\Delta s_k \tag{6.31}$$

これが**線積分**である．またパラメータ t で表した

$$ds = \sqrt{\left(\frac{d\xi}{dt}\right)^2 + \left(\frac{d\eta}{dt}\right)^2} dt \tag{6.32}$$

を**曲線要素**という．なお C は点 P から点 Q までの曲線の径路 (contour) を一般的に書いたものであり，パラメータ t を用いた場合には

$$\int_C F(x,y)ds = \int_\alpha^\beta F(\xi(t),\eta(t))\sqrt{\left(\frac{d\xi}{dt}\right)^2 + \left(\frac{d\eta}{dt}\right)^2} dt \tag{6.33}$$

と具体的に与えられることになる．

たとえば径路 C が，XY 平面上 $x=R$，$y=0$ を出発して，原点中心，半径 R

の円を反時計回りに1周する曲線としよう．この場合には $\xi(t)=R\cos t$, $\eta(t)=R\sin t$ で $t=0$ から 2π までの積分を考えればよい．このとき，$\sqrt{(d\xi/dt)^2+(d\eta/dt)^2}=R$ となり，(6.33)は

$$\oint_C F(x,y)ds = \int_0^{2\pi} F(R\cos t, R\sin t)R\,dt \tag{6.34}$$

と書けることになる．なお，上式左辺で $\oint_C$ と書いたのは，1周するということを強調するためである．

例題 6-4 $x=1$, $y=0$ から出発して，単位円(原点中心，半径1の円)周上を反時計回りに1周する径路を C として，$I=\oint_C (x+y^2)ds$ を求めよ．

[解]　(6.34)の表現を用いればよい．

$$I = \int_0^{2\pi}(\cos t + \sin^2 t)dt = \int_0^{2\pi}\Big(\cos t + \frac{1}{2} - \frac{1}{2}\cos 2t\Big)dt$$
$$= \Big[\sin t + \frac{1}{2}t - \frac{1}{4}\sin 2t\Big]_0^{2\pi} = \pi \quad\blacksquare$$

これまで平面上の曲線に対する線積分を考えてきた．しかし，たとえば空間中の曲線のようにもっと一般的な場合についても，同様に線積分が定義できることを最後に注意しておこう．

面積分　曲面上での積分，面積分も，線積分と同様に定義することができる．まず図6-14のように，S が $z=f(x,y)$ で与えられた曲面，D はそれを XY 平面に写した領域とする．ただし，$f(x,y)$ は C^1 級，すなわち偏導関数 $\partial f/\partial x, \partial f/\partial y$ が領域 D で連続であるとしておく．さらに曲面 S 上の各点で関数 $F(x,y,z)$ が与えられているとする．

さて，S を n 個の面積 ΔS_k ($k=1,2,\cdots,n$) の微小部分に分割し，それぞれの微小部分から点 $P_1, P_2, \cdots, P_n$ をとり，それらの点における関数 F の値を $F_1, F_2, \cdots, F_n$ と書くことにする．このとき，F の S 上の面積分を

$$\int_S F(x,y,z)dS = \lim_{n\to\infty} \sum_{k=1}^{n} F_k \Delta S_k \tag{6.35}$$

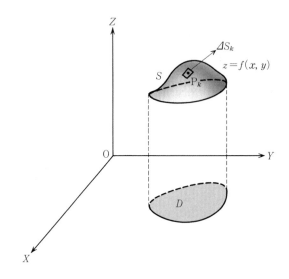

図6-14 面積分

で定義する．ただし，$n \to \infty$ の極限は同時に各微小部分の内部の任意の2点間の距離の最大値が0になるようにとる．微小部分の面積を0にする極限だが，領域が線状ではなく点状に小さくなるようにとるのである．なお，dS を**曲面要素**という．この定義は形式的には線積分とまったく同じである．問題は曲面要素を具体的にどう表すかということになる．

　曲面要素　線積分の場合，曲線要素は線上の2つの点の長さの極限であった．2点を近づける極限のもとでは，図6-15のように，対応する接線の長さといってよい．同じように，曲面要素は，各微小部分の1点での接平面（図6-16）を考え，微小部分に対応する接平面の面積をどんどん小さくしていった極限として与えられる．

　その極限を求めるために，まず曲面 $z = f(x, y)$ の点 $(x_0, y_0, z_0 = f(x_0, y_0))$ における接平面の式を書き下しておこう．

$$z - z_0 = \frac{\partial f(x_0, y_0)}{\partial x}(x - x_0) - \frac{\partial f(x_0, y_0)}{\partial y}(y - y_0) \tag{6.36}$$

この式の右辺は，関数 $f(x, y)$ を点 (x_0, y_0) のまわりでテイラー展開して，x, y について1次の項までとった式である．関数 f が y に依存しないときは，当

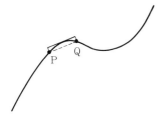

図6-15 曲線要素

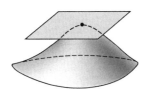

図6-16 曲面と接平面

然のことながら接線の式(6.25)で y を z におきかえたものになる.

[**例3**] 関数 $z=f(x,y)=x^2+y^2$ で与えられる曲面について,点 $(1,2,5)$ における接平面の式は, $z-5=2(x-1)+4(y-2)$,すなわち $z=2x+4y-5$ で与えられる. ▮

さて,曲面 $z=f(x,y)$ がパラメータ u,v を用いて,

$$x = \xi(u,v), \quad y = \eta(u,v), \quad z = \zeta(u,v) \tag{6.37}$$

で与えられているとしよう.このとき,第5章の(5.14),(5.15)を使うと,

$$\frac{\partial \zeta(u,v)}{\partial u} = \frac{\partial f}{\partial x}\frac{\partial \xi(u,v)}{\partial u} + \frac{\partial f}{\partial y}\frac{\partial \eta(u,v)}{\partial u} \tag{6.38}$$

$$\frac{\partial \zeta(u,v)}{\partial v} = \frac{\partial f}{\partial x}\frac{\partial \xi(u,v)}{\partial v} + \frac{\partial f}{\partial y}\frac{\partial \eta(u,v)}{\partial v} \tag{6.39}$$

であり, $\partial f/\partial x$, $\partial f/\partial y$ について2つの式を解くと,

$$\frac{\partial f}{\partial x} = -\frac{J_1(u,v)}{J_3(u,v)}, \quad \frac{\partial f}{\partial y} = -\frac{J_2(u,v)}{J_3(u,v)} \tag{6.40}$$

ただし,

$$J_1(u,v) = \frac{\partial(\eta,\zeta)}{\partial(u,v)}, \quad J_2(u,v) = \frac{\partial(\zeta,\xi)}{\partial(u,v)}, \quad J_3(u,v) = \frac{\partial(\xi,\eta)}{\partial(u,v)} \tag{6.41}$$

を得る．上式の右辺はすべて(6.16)で定義されるヤコビ行列式である．これらの式を(6.36)に代入することにより，パラメータを用いて表された曲面の接平面の式は

$$J_1(u,v)(x-x_0)+J_2(u,v)(y-y_0)+J_3(u,v)(z-z_0) = 0 \qquad (6.42)$$

で与えられることになる．なお，J_1, J_2, J_3 すべてが 0 になる点，すなわち

$$J(u,v) = \sqrt{J_1^2+J_2^2+J_3^2} \qquad (6.43)$$

と書いたとき，$J(u,v)=0$ となる点では接平面が定義できないことに注意しよう．

さて，接平面上，$(u,v),(u+\varDelta u,v),(u,v+\varDelta v),(u+\varDelta u,v+\varDelta v))$ の 4 点で定まる平行 4 辺形の面積を求めよう．微小量 $\varDelta u, \varDelta v$ を 0 に近づけた極限が問題の曲面要素を与えることになる．そのためには 6-1 節の多重積分の変数変換と同じことを行なえばよい．ただし，いまの場合は 3 次元空間における 4 辺形であるから，(6.11)〜(6.14)の他に

$$\zeta(u+\varDelta u,v)-\zeta(u,v) = \frac{\partial\zeta(u,v)}{\partial u}\varDelta u+O(\varDelta u^2) \qquad (6.44)$$

$$\zeta(u,v+\varDelta v)-\zeta(u,v) = \frac{\partial\zeta(u,v)}{\partial v}\varDelta v+O(\varDelta v^2) \qquad (6.45)$$

を，また Z 方向の単位ベクトル $\boldsymbol{k}$ を用意する．すると，曲面要素は

$$dS = \left|\left(\frac{\partial\xi}{\partial u}du\boldsymbol{i}+\frac{\partial\eta}{\partial u}du\boldsymbol{j}+\frac{\partial\zeta}{\partial u}du\boldsymbol{k}\right)\times\left(\frac{\partial\xi}{\partial v}dv\boldsymbol{i}+\frac{\partial\eta}{\partial v}dv\boldsymbol{j}+\frac{\partial\zeta}{\partial v}dv\boldsymbol{k}\right)\right|$$

$$\qquad (6.46)$$

で与えられることになる．ここで，まえと同様，微小量 $\varDelta u, \varDelta v$ を極限の du, dv で書きかえていることに注意しよう．上式の絶対値の中身を計算すると，

$$dS = |J_1(u,v)\boldsymbol{i}+J_2(u,v)\boldsymbol{j}+J_3(u,v)\boldsymbol{k}|\,dudv \qquad (6.47)$$

となり，さらに(6.43)を用いて

$$dS = |J(u,v)|\,dudv \qquad (6.48)$$

が曲面要素の具体的表現になる．

面積分の計算　　さて，曲面をパラメータで表した式(6.37)と，曲面要素の式(6.48)を用いて，面積分は

$$\int_S F(x,y,z)dS = \iint_\Omega F(\xi(u,v),\eta(u,v),\zeta(u,v))|J(u,v)|dudv \quad (6.49)$$

で与えられることになる. ただし, Ω は曲面 S に対応した UV 平面の領域を表す. 具体例を計算してみよう.

例題 6-5 面積分 $I=\displaystyle\int_S (x+z)dS$ を求めよ. ただし, S は球面 $x^2+y^2+z^2=R^2\ (R>0)$ の $z\geqq0$ の部分とする.

[解] 球面であるから, (5.26)の球座標を用いればよい. すなわち, θ,φ をパラメータとして

$$x = R\sin\theta\cos\varphi, \quad y = R\sin\theta\sin\varphi, \quad z = R\cos\theta$$

で面を表す. ただし, 条件より $0\leqq\theta\leqq\dfrac{\pi}{2}$, $0\leqq\varphi<2\pi$ である. このとき, (6.41)を計算すると,

$$J_1 = R^2\sin^2\theta\cos\varphi, \quad J_2 = R^2\sin^2\theta\sin\varphi, \quad J_3 = R^2\sin\theta\cos\theta$$

となり, さらに(6.43)を計算して

$$J = R^2\sin\theta$$

を得る. したがって,

$$I = \int_0^{2\pi}\left\{\int_0^{\frac{\pi}{2}}(R\sin\theta\cos\varphi+R\cos\theta)R^2\sin\theta\,d\theta\right\}d\varphi$$

右辺第 1 項は $\displaystyle\int_0^{2\pi}\cos\varphi\,d\varphi=0$ なので積分に寄与せず,

$$I = R^3\int_0^{2\pi}d\varphi\int_0^{\frac{\pi}{2}}\sin\theta\cos\theta\,d\theta$$

$$= R^3\cdot2\pi\cdot\left[\frac{1}{2}\sin^2\theta\right]_0^{\frac{\pi}{2}} = \pi R^3 \quad\blacksquare$$

面積分の式(6.49)でとくに S が $z=0$ すなわち XY 平面上にあるとき, 右辺は

$$\iint_\Omega F(\xi(u,v),\eta(u,v),0)\left|\frac{\partial(\xi,\eta)}{\partial(u,v)}\right|dudv \quad (6.50)$$

となり, 2重積分の変数の変換公式に一致する. また曲面 S の面積は面積分の

式で $F=1$ として求めることができる.

[例4] 半径 R の球面の表面積 A を求める.

例題 6-5 と同じく,球座標を用いる.ただし θ, φ の範囲は $0\leqq\theta\leqq\pi$, $0\leqq\varphi<2\pi$ である.このとき,(6.49)で $F=1$ として,

$$A = \int_0^{2\pi}\left(\int_0^{\pi} R^2\sin\theta\,d\theta\right)d\varphi = 4\pi R^2 \quad\blacksquare$$

6-3　ベクトル場の積分

理工学のさまざまな問題において,ベクトル量のある領域にわたる和や,ある領域からの出入りを考えることがよくある.その際に用いるのがベクトル場の線積分,面積分である.なお,この節では数学的厳密さにはあまりこだわらずに議論をすすめていくことにする.

ベクトルの積分　3次元空間のベクトル $\boldsymbol{a}$ が t の関数であるとしよう.このとき,5-3 節同様,単位ベクトルを用いて

$$\boldsymbol{a}(t) = a_1(t)\boldsymbol{i} + a_2(t)\boldsymbol{j} + a_3(t)\boldsymbol{k} \tag{6.51}$$

と書ける.微分の場合と同様,ベクトルの積分も成分ごとに行なえばよい.すなわち,

$$\int\boldsymbol{a}(t)dt = \boldsymbol{i}\int a_1(t)dt + \boldsymbol{j}\int a_2(t)dt + \boldsymbol{k}\int a_3(t)dt \tag{6.52}$$

[例1]　ベクトル $\boldsymbol{a}(t)=t\boldsymbol{i}+t^2\boldsymbol{j}+t^3\boldsymbol{k}$ について,

$$\int_0^1\boldsymbol{a}(t)dt = \boldsymbol{i}\int_0^1 t\,dt + \boldsymbol{j}\int_0^1 t^2dt + \boldsymbol{k}\int_0^1 t^3dt$$

$$= \frac{1}{2}\boldsymbol{i} + \frac{1}{3}\boldsymbol{j} + \frac{1}{4}\boldsymbol{k} \quad\blacksquare$$

ベクトル場の線積分　やはり 5-3 節で扱った位置ベクトル,$\boldsymbol{r}=x\boldsymbol{i}+y\boldsymbol{j}+z\boldsymbol{k}$ とともに変化するベクトル $\boldsymbol{v}(\boldsymbol{r})$ を考える.図 6-17 のように,A を始点,B を終点とする曲線 C に沿ってベクトル場が与えられているとしよう.また,点 P における接線ベクトル(向きが曲線の接線方向で大きさが1のベクトル)

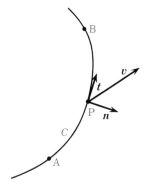

図6-17　曲線Cと接線ベクトル・法線ベクトル

をt，法線ベクトル（向きが接線に垂直な方向で大きさが1のベクトル）をnと書くことにする．なお，接線ベクトルはAからBに向かう方向，法線ベクトルは接線ベクトルの向きに対して右側の方向を正方向としておく．

　応用上，ベクトルvの接線方向の成分$v \cdot t$，法線方向の成分$v \cdot n$を曲線に沿って加え合わせる，すなわちそれらの線積分をとることがよく行なわれ，それぞれ

$$\int_C v(r) \cdot t ds, \quad \int_C v(r) \cdot n ds$$

と表される．前者の積分で$t ds$は曲線要素を向きも込めて示したものと考えてよく，とくにdsと書いて**線要素ベクトル**という．

　例題6-6　ベクトル場vが位置ベクトルrおよびその大きさ$r = |r|$を用いて$v = r/r^3$で与えられているとする．図6-18のようにXY平面上を$P \to Q \to R$とすすむ径路Cに沿って次の線積分を求めよ．

$$(\text{i}) \quad \int_C v \cdot n ds \qquad (\text{ii}) \quad \int_C v \cdot ds = \int_C v \cdot t ds$$

　［解］　径路CをX軸上の径路C_1と，半径aの円周上の径路C_2にわける．

　（i）　C_1上，vはX軸正の方向，nはY軸負の方向を向いており，$v \cdot n = 0$である．C_2上では，vとnは同じ方向を向いており，$v \cdot n = r \cdot n/r^3 = 1/r^2$と

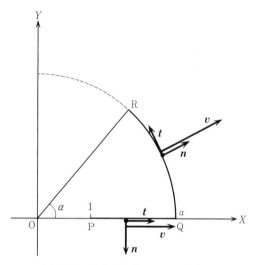

図6-18　直線と円弧からなる径路 C

なる．円周上では $r=a$ であり，X 軸と位置ベクトルのなす角を θ とすると ds
$=ad\theta$ と書ける．したがって

$$\int_C \boldsymbol{v}\cdot\boldsymbol{n}ds = \int_{C_2} \boldsymbol{v}\cdot\boldsymbol{n}ds = \int_0^\alpha \frac{1}{a^2}ad\theta = \frac{\alpha}{a}$$

（ii）　C_1 上，$\boldsymbol{t}$ は X 軸正の方向を向いており，$\boldsymbol{v}\cdot\boldsymbol{t}=\boldsymbol{r}\cdot\boldsymbol{t}/r^3=1/r^2$ となる．
また s として原点 O からの距離そのものをとればよい．C_2 上では，$\boldsymbol{v}$ と $\boldsymbol{t}$ は
垂直で $\boldsymbol{v}\cdot\boldsymbol{t}=0$ である．したがって

$$\int_C \boldsymbol{v}\cdot\boldsymbol{t}ds = \int_{C_1} \boldsymbol{v}\cdot\boldsymbol{t}ds = \int_1^a \frac{1}{r^2}dr = 1-\frac{1}{a} \quad \blacksquare$$

ベクトル場の面積分　　こんどは曲面上でのベクトル場の積分を考えよう．
図6-19 のように曲面 S 上でベクトル場が与えられているとする．曲面上の点
P でのベクトル場を $\boldsymbol{v}$，曲面の法線ベクトルを $\boldsymbol{n}$ としたとき，$\boldsymbol{v}\cdot\boldsymbol{n}$ を曲面全
体にわたって加え合わせたもの，すなわち

$$\iint_S \boldsymbol{v}\cdot\boldsymbol{n}dS$$

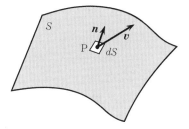

図6-19 曲面 S と曲面要素

が応用上よく現れるベクトル場の面積分である．たとえば v を水の流れの速度場とすると，上式は曲面を外向きに流れでる流体の総量を与えることになる．なお，線積分と同様，$n\,dS$ は曲面要素を向きも込めて示したもので，dS と書き**面要素ベクトル**という．

例題 6-7 半径 R の球面全体を S とし，球の中心を原点として定めた位置ベクトル r（大きさ r）について，ベクトル $v = r/r^3$ の面積分 $\displaystyle\iint_S v \cdot dS = \iint_S v \cdot n\, dS$ を求めよ．ただし，法線ベクトル n は球面の裏から表に向かう方向を正と定める（**外向き法線**という）．

[解] 図6-20に示されているように，v は n と平行であり，$v \cdot n = r \cdot n / r^3$

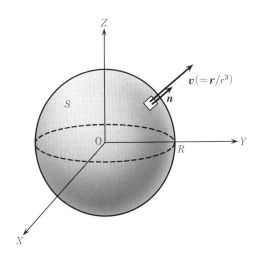

図6-20 球面 S

図 6-21　メビウスの帯

$=1/r^2$ となる．とくに球面上では一定値 $1/R^2$ である．また，S の面積は 6-2 節例 4 の結果より，$4\pi R^2$ である．したがって，

$$\iint_S \boldsymbol{v}\cdot\boldsymbol{n}dS = \iint_S \frac{1}{R^2}dS = \frac{1}{R^2}\cdot 4\pi R^2 = 4\pi \quad \blacksquare$$

曲面の向き　この例題では外向き法線を用いた．一般に閉じた曲面の場合には外側を表とし，裏から表に向かう方向を法線ベクトルの正の向きとすることが多い．なお，3 次元空間中の曲面では表裏が区別できないものも存在する．たとえば図 6-21 のような曲面を**メビウス(Möbius)の帯**というが，この場合，曲面の向きづけは不可能であることを注意しておこう．

ガウスの定理　ベクトル場の線積分・面積分を用いて，ベクトル量の釣り合いを示す積分公式が得られる．その代表的なものが，ベクトル量の発散と関連したガウスの定理と，回転と関連したストークスの定理である．以下この 2 つの定理がどういうものか，概略を見ていくことにしよう．

5-3 節で，図 5-7 の矩形領域からの正味の流出量が，

$$\{u(x+\varDelta x,y)-u(x-\varDelta x,y)\}2\varDelta y+\{v(x,y+\varDelta y)-v(x,y-\varDelta y)\}2\varDelta x$$

$$\approx\left(\frac{\partial u}{\partial x}+\frac{\partial v}{\partial y}\right)4\varDelta x\varDelta y = (\mathrm{div}\,\boldsymbol{v})\varDelta S \tag{6.53}$$

で近似的に与えられることを示した．ここで，上式の左辺に別の解釈をしてみよう．

いま，矩形領域の各辺上での法線ベクトルを図 6-22 のように外向きにとることにする．このとき領域が十分小さいとすると，たとえば AB 上での X 方向の速度成分 $u(x+\varDelta x,y)$ は $(\boldsymbol{v}\cdot\boldsymbol{n})_{\mathrm{AB}}$ と書いてよい．添字 AB は辺 AB 上の値であることを強調するためにつけている．他の辺でも同様にすると，(6.53)

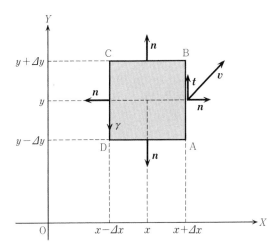

図6-22 矩形領域とその境界 γ

の左辺は

$$(\boldsymbol{v}\cdot\boldsymbol{n})_{\mathrm{AB}}2\varDelta y+(\boldsymbol{v}\cdot\boldsymbol{n})_{\mathrm{BC}}2\varDelta x+(\boldsymbol{v}\cdot\boldsymbol{n})_{\mathrm{CD}}2\varDelta y+(\boldsymbol{v}\cdot\boldsymbol{n})_{\mathrm{DA}}2\varDelta x \qquad (6.54)$$

と表すことができる.第3項と第4項の符号がプラスになっているのは,CD
およびDA上で法線ベクトルがそれぞれ X, Y の負の方向を向いているからで
ある.ここでさらに,点Aから出発してAに戻る反時計まわりの径路 γ と,
点Aからの径路に沿った長さ s を導入する.上式中ABの長さ $2\varDelta y$,BCの長
さ $2\varDelta x$,CDの長さ $2\varDelta y$,DAの長さ $2\varDelta x$ はそれぞれ,径路に沿った長さの増
分 $\varDelta s$ であり,すべて加えたものが径路 γ の全長 s になっているのである.こ
のように定めると,(6.54)は

$$\sum_{\gamma}(\boldsymbol{v}\cdot\boldsymbol{n})\varDelta s$$

とまとめて書くことができる.ただし $\sum_{\gamma}$ は一周径路 γ に沿った和を意味する.
結局,境界が γ で与えられ,面積が $\varDelta S$ の矩形領域について,

$$\sum_{\gamma}(\boldsymbol{v}\cdot\boldsymbol{n})\varDelta s = (\mathrm{div}\,\boldsymbol{v})\varDelta S \qquad (6.55)$$

が近似的に成り立つことがわかった.

さて,このような矩形領域からなる大きな領域 S を考えよう(図6-23).領
域の境界は $\varGamma$ で表すことにする.領域全体で(6.55)を見てみると,まず右辺

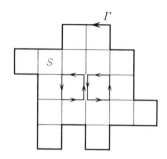

図6-23　領域 S と境界 Γ

は面積に関する量なので，単に足し合わせればよい．また，左辺は隣り合う矩形領域の共通した辺で Δs の符号（図の矢印の方向）が異なるので，S の境界 Γ を除いてすべて打ち消しあう．したがって，

$$\sum_{\Gamma}(\boldsymbol{v}\cdot\boldsymbol{n})\Delta s = \sum_{S}(\mathrm{div}\,\boldsymbol{v})\Delta S \tag{6.56}$$

が成り立つ．左辺の $\sum\limits_{\Gamma}$ は径路 Γ に沿った和，右辺の $\sum\limits_{S}$ は S 全体についての和を意味する．

　ガウスの定理とは(6.56)で S を構成している各矩形領域を限りなく小さくしたときの極限として得られる式のことをいう．すなわち，線積分・面積分の定義を用いると，$\Delta S\to 0$ の極限で(6.56)は

$$\int_{\Gamma}\boldsymbol{v}\cdot\boldsymbol{n}ds = \iint_{S}\mathrm{div}\,\boldsymbol{v}dS \tag{6.57}$$

となる．これが**平面でのガウスの定理**である．なお図6-23の境界 Γ はなめらかでない．しかし各矩形領域を限りなく小さくすることによって，上式はなめらかな境界 Γ に対しても成り立つことを注意しておこう．

　以上のやり方を踏襲して，3次元空間中のある閉領域 V とその境界面 S についてもまったく同様の式の成り立つことが示せる．この場合，境界においては線積分の代りに面積分，領域内部では2重積分の代りに3重積分を用いればよい．すなわち，

$$\iint_{S}\boldsymbol{v}\cdot\boldsymbol{n}dS = \iiint_{V}\mathrm{div}\,\boldsymbol{v}dV \tag{6.58}$$

が3次元空間での**ガウスの定理**である.

これまでの導出過程からもわかるように,ガウスの定理はある領域からのベクトルの流出量を2通りの表現で与え,それらが等しいといっているにすぎない.なぜ当り前のことを式で表すのか疑問に思う読者もいるかもしれない.しかし,(6.57),(6.58)はベクトル場の領域全体にわたる積分が,境界での積分におきかえられることを示しており,応用上きわめて有用な関係式になるのである.

例題 6-8 ベクトル場 $\boldsymbol{v}$ が,半径 R の球面とその内部で,$\boldsymbol{v}=f(r)\boldsymbol{r}$ で与えられているとする.ただし,位置ベクトル $\boldsymbol{r}$(大きさ r)は,球の中心を原点として定められている.いま球の内部で $\operatorname{div}\boldsymbol{v}=k$(一定)が成り立っているとき,$f(r)$ の関数形を求めよ.

[解] (6.58)で V として半径 R の球,S としてその表面をとる.与えられたものを代入すると,$\iint_S f(r)\boldsymbol{r}\cdot\boldsymbol{n}dS=\iiint_V kdV$ である.球面上で $\boldsymbol{r}$ と $\boldsymbol{n}$ は同じ向きであるので $\boldsymbol{r}\cdot\boldsymbol{n}=R$ となり,$f(r)$ は $r=R$ の値 $f(R)$ となる.また k は一定なので,

$$Rf(R)\iint_S dS = k\iiint_V dV$$

を得る.上式において左辺の積分は球の表面積,右辺の積分は球の体積であり,$Rf(R)\cdot 4\pi R^2=k\cdot\dfrac{4}{3}\pi R^3$.したがって $f(R)=k/3$,すなわち $f(r)$ は r によらない定数 $k/3$ である.■

ストークスの定理 こんどは5-3節でベクトル場の回転を導出する際に行なった議論に別の解釈を与えよう.小さな矩形領域における角速度の相加平均に対して得た近似式は

$$\frac{v(x+\varDelta x,y)-v(x-\varDelta x,y)}{4\varDelta x}-\frac{u(x,y+\varDelta y)-u(x,y-\varDelta y)}{4\varDelta y}$$

$$\approx\frac{1}{2}\left(\frac{\partial v}{\partial x}-\frac{\partial u}{\partial y}\right)=\frac{1}{2}(\operatorname{rot}\boldsymbol{v})_z$$

である.ただし,$(\operatorname{rot}\boldsymbol{v})_z$ は $\operatorname{rot}\boldsymbol{v}$ の Z 成分を表す.上式に矩形面積の2倍,

$2\Delta S = 8\Delta x\Delta y$ をかけると,

$\{v(x+\Delta x, y) - v(x-\Delta x, y)\}\cdot 2\Delta y - \{u(x, y+\Delta y) - u(x, y-\Delta y)\}\cdot 2\Delta x$

$$\approx (\mathrm{rot}\,\boldsymbol{v})_z \Delta S \tag{6.59}$$

を得る. いま矩形領域に垂直な Z 軸上向きに面の法線ベクトル $\boldsymbol{n}$ をとれば, 上式右辺は $(\mathrm{rot}\,\boldsymbol{v})\cdot\boldsymbol{n}\Delta S$ と書くことができる. この $\boldsymbol{n}$ は図 6-22 で用いた $\boldsymbol{n}$ とは異なることを注意しておく. 一方, 左辺はガウスの定理を導く際に用いた図 6-22 の径路 γ と長さ s によって $\sum_\gamma (\boldsymbol{v}\cdot\boldsymbol{t})\Delta s$ と書くことができる. ただし, $\boldsymbol{t}$ は径路の各辺での接線ベクトルである. したがって, 境界が γ, 面積が ΔS の矩形領域で

$$\sum_\gamma (\boldsymbol{v}\cdot\boldsymbol{t})\Delta s = (\mathrm{rot}\,\boldsymbol{v})\cdot\boldsymbol{n}\Delta S \tag{6.60}$$

が成り立つことになる.

この関係を図 6-23 の領域 S 全体で見てみると, ガウスの定理のときとまったく同じ事情が成り立ち,

$$\sum_\Gamma (\boldsymbol{v}\cdot\boldsymbol{t})\Delta s = \sum_S (\mathrm{rot}\,\boldsymbol{v})\cdot\boldsymbol{n}\Delta S \tag{6.61}$$

となる. やはり $\Delta S \to 0$ の極限をとると,

$$\int_\Gamma \boldsymbol{v}\cdot\boldsymbol{t}ds = \iint_S (\mathrm{rot}\,\boldsymbol{v})\cdot\boldsymbol{n}dS \tag{6.62}$$

を得る. この式を**ストークス(Stokes)の定理**という.

これまでの導出で領域 S を XY 平面上にとったが, 一般の曲面を考えても同じ結果を得る. すなわちストークスの定理は, 閉曲線を境界にもつ曲面におけるベクトル場の面積分を境界での線積分と関係づける式になっているのである.

例題 6-9 卵の殻の形をした 1 つの閉曲面 S を考えたとき, 任意のベクトル場 $\boldsymbol{v}$ について

$$\iint_S (\mathrm{rot}\,\boldsymbol{v})\cdot\boldsymbol{n}dS = 0$$

が成り立つことを示せ. ただし $\boldsymbol{n}$ は外向きの法線ベクトルである.

[解] 図 6-24 のように, 閉曲面 S を 2 つの部分 S_1, S_2 にわけ, その境界の

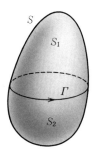

図 6-24 閉曲面 S

閉曲線を Γ とする．このとき，ストークスの定理より，

$$\int_{\Gamma} \boldsymbol{v} \cdot \boldsymbol{t} ds = \iint_{S_1} (\mathrm{rot}\,\boldsymbol{v}) \cdot \boldsymbol{n} dS$$

$$-\int_{\Gamma} \boldsymbol{v} \cdot \boldsymbol{t} ds = \iint_{S_2} (\mathrm{rot}\,\boldsymbol{v}) \cdot \boldsymbol{n} dS$$

が成り立つ．ただし曲面 S_1 から見たとき反時計まわりになるように径路 Γ の向きを定めており，そのため 2 番目の式の左辺の積分の符号がマイナスになっている．2 つの式を加えて

$$\iint_S (\mathrm{rot}\,\boldsymbol{v}) \cdot \boldsymbol{n} dS = \left(\iint_{S_1} + \iint_{S_2} \right)(\mathrm{rot}\,\boldsymbol{v}) \cdot \boldsymbol{n} dS = 0$$

を得る．█

　解では閉曲面を 2 つにわけて境界となる閉曲線を人為的に導入した．しかし，もともと閉曲面は境界をもたないので(6.62)の左辺の積分は自動的に 0 であると解釈することもできる．

　平面におけるグリーンの定理　　XY 平面上の領域 S とその境界 Γ に対するストークスの定理を成分で具体的に書き下してみよう．ベクトル場は $\boldsymbol{v} = u(x,y)\boldsymbol{i} + v(x,y)\boldsymbol{j}$，線要素ベクトルは $d\boldsymbol{s} = \boldsymbol{t} \cdot ds = dx\boldsymbol{i} + dy\boldsymbol{j}$，面要素ベクトルは $d\boldsymbol{S} = \boldsymbol{n} \cdot dS = \boldsymbol{n} dxdy$ である．したがって

$$\oint_{\Gamma} (udx + vdy) = \iint_S \left(\frac{\partial v}{\partial x} - \frac{\partial u}{\partial y} \right) dxdy \tag{6.63}$$

を得る．この式を**平面におけるグリーン(Green)の定理**という．なお，左辺で

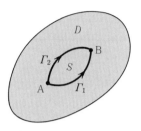

図 6-25　単連結領域 S

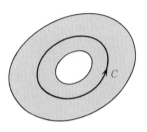

図 6-26　2 重連結領域

は，一周することを強調するために $\oint$ の記号を用いた.

　線積分は一般に径路の選び方によって値が異なる. しかし被積分関数がある条件を満たしているときには径路によらないことがある. その条件は(6.63)を用いて導くことができる.

　いま図 6-25 のように，2 点 A, B を内部に含む平面上の単連結領域 D を考える. **単連結領域**とは，領域内の任意の閉曲線を連続的に縮めていけば 1 点にすることのできる領域のことをいう. それに対して図 6-26 のように穴が 1 つあいた領域を **2 重連結領域**という. この領域では，たとえば図の閉曲線 C は領域内で 1 点に縮めることができない. 一般に穴が $n-1$ 個あいている領域は **n 重連結領域**という.

　さて，単連結領域の 2 点 A, B を結ぶ 2 つの径路 Γ_1, Γ_2 に沿った線積分

$$I_1 = \int_{\Gamma_1} (udx + vdy), \quad I_2 = \int_{\Gamma_2} (udx + vdy)$$

を考える. 点 A を出発し，反時計まわりに A に戻る径路を Γ とすると，$\Gamma = \Gamma_1 + (-\Gamma_2)$ の関係がある. そこで，(6.63)を用いると，

$$I_1 - I_2 = \oint_\Gamma (udx + vdy) = \iint_S \left(\frac{\partial v}{\partial x} - \frac{\partial u}{\partial y} \right) dxdy$$

となる．ただし，S は径路 Γ で囲まれる領域である．もし領域 S 内で恒等的に $\partial v/\partial x = \partial u/\partial y$ が成り立っていれば，上式より $I_1 = I_2$ となる．さらに，この関係式が領域 D 全体で成り立っておれば，A と B を結ぶどんな径路に対しても，やはり線積分の値は同じになる．逆に D 内の任意の閉じた径路 C について，$\oint_C (udx + vdy) = 0$ が成り立っているとき，背理法を用いて D 内で恒等的に $\partial v/\partial x = \partial u/\partial y$ となることも示せる．すなわち，A, B を結ぶ径路に沿った線積分が径路によらないための必要十分条件は，D 内で恒等的に

$$\frac{\partial v}{\partial x} = \frac{\partial u}{\partial y} \tag{6.64}$$

が成り立つことであるといえる．

以上，応用上重要な積分定理を，数学的厳密さにはこだわらず大ざっぱに見てきた．厳密にいえば，どの定理も，ベクトル場 $\boldsymbol{v}$ の成分（u, v など）の偏導関数が存在して，1 価かつ連続であるときは必ず成立するものであることを最後に注意しておこう．

第6章　演習問題

[1]　次の積分の順序を変更せよ．

(a)　$\displaystyle\int_0^1 dx \left\{ \int_0^{x-x^2} f(x, y) dy \right\}$　　　(b)　$\displaystyle\int_{-1}^2 dx \left\{ \int_{x^2}^{x+2} f(x, y) dy \right\}$

[2]　次の多重積分の値を求めよ．

(a)　$\displaystyle\iint_D (x+y)^2 dxdy$　　　ただし $D : 0 \leqq x \leqq 1, \ 0 \leqq y \leqq 1$

(b)　$\displaystyle\iint_D (2x^2 + 3y^2) dxdy$　　　ただし $D : x^2 + y^2 \leqq 1$

(c)　$\displaystyle\iiint_D \frac{1}{(x+y+z+1)^3} dxdydz$　　　ただし $D : x+y+z \leqq 1, \ x \geqq 0, \ y \geqq 0, \ z \geqq 0$

(d)　$\displaystyle\iiint_D z(2x^2-y^2)dxdydz$　　　ただし $D : 0\leqq z\leqq 1-x^2-y^2$

[3]　質量の密度分布が $f(x,y,z)$ で与えられる剛体の X 軸のまわりの慣性モーメント I_x は

$$I_x = \iiint_D (y^2+z^2)f(x,y,z)dxdydz$$

で与えられる量である．ただし，D は剛体が占める 3 次元空間の領域である．以下の量を求めよ．

(a)　半径 a の一様な球(密度 ρ)の直径まわりの慣性モーメント．

(b)　底面の半径 a，高さ h の一様な直円柱(密度 ρ)の円の中心軸のまわりの慣性モーメント．

[4]　曲線 $x^{\frac{2}{3}}+y^{\frac{2}{3}}=a^{\frac{2}{3}}\ (a>0)$ の全長を求めよ．

[5]　図のような平面上の閉曲線径路 C に沿った以下の線積分の値を求めよ．ただし $\boldsymbol{v}=x^2\boldsymbol{i}+y^2\boldsymbol{j}$ とする．

(a)　$\displaystyle\int_C (x^3+y^3)ds$　　　(b)　$\displaystyle\int_C \boldsymbol{v}\cdot\boldsymbol{n}ds$　　　(c)　$\displaystyle\int_C \boldsymbol{v}\cdot\boldsymbol{t}ds$

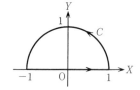

[6]　平面 $x+2y+3z=6$ の $x\geqq 0$，$y\geqq 0$，$z\geqq 0$ の部分を S とし，S の正の向きを原点から S に向かう方向とするとき，以下の面積分の値を求めよ．ただし，$\boldsymbol{v}=\boldsymbol{i}-y\boldsymbol{j}-3z^2\boldsymbol{k}$ とする．

(a)　$\displaystyle\int_S xydS$　　　(b)　$\displaystyle\int_S \boldsymbol{v}\cdot\boldsymbol{n}dS$

[7]　XY 平面上の正方形領域 $S : 0\leqq x\leqq 1$，$0\leqq y\leqq 1$ の境界を反時計まわりに回る曲線を C とする．線積分

$$\oint_C \{(x^4+y^4)dx+2x^2y^2dy\}$$

の値をグリーンの定理を用いて求めよ．

7 級　数

1-5節で級数を定義し，3-4節で応用上重要なテイラー級数を具体的に書き下した．本章のおもな目的は，そうした級数がどういう場合に収束するかを数学的に厳密に議論することにある．そのための出発点となるのは，第1章で述べた「数直線上で実数は連続である」という仮定であり，それがじつは級数の収束についての基本定理と深くかかわっているのである．

7-1　実数の連続性

ここではまず，仮定を公理として書き下すことからはじめる．そのための準備として第1章で述べなかった数列に関する1つの言葉を定義しておこう．

　　上限・下限　　1-5節で最大・最小という言葉を導入したが，1-4節例3の調和数列 $1, \frac{1}{2}, \frac{1}{3}, \cdots, \frac{1}{n}, \cdots$ のように，たとえ有界であっても最小は必ずしも存在しない．そこで，最大・最小の代りとなるものを次のように定義する．

　　数の集合 A について，上界の中で最小のものを**上限**（supremum）とよび，$\sup A$ と表す．また下界の中で最大のものを**下限**（infimum）とよび，$\inf A$ と表す．

　　調和数列の場合，最小は存在しないが，下限は下界の最大値 0 である．一方，上限は最大と一致して，1 ということになる．

さて出発点となる公理はこの定義を用いて次のように書かれる.

　実数の連続性の公理　実数全体の集合 **R** において，上に有界な(空でない)
　任意の部分集合 A をとったとき，A の上限 sup A が **R** の中に存在する.

　1-1節例 1 で極限が $\sqrt{2}$ となる数列を考えた. その内容をもっと一般的な形
で述べたのがこの公理である. 公理であるから，もちろん証明する筋合いのも
のではない. 以下この公理のもとで，実数の連続に関する性質を議論していく
ことにする. なお，この公理から，「下に有界な **R** の(空でない)任意の部分集
合 B に対して，inf B が **R** の中に存在する」という命題も成り立つことを注
意しておく.

　まず 1-4 節で書き下した命題 1-1 を公理に基づいて証明しよう. そのために，
命題を少し書きかえて再掲しておく.

　命題 7-1　上に有界な単調増加数列 $\{a_n\}$ は収束し，その極限は

$$\lim_{n\to\infty} a_n = \sup\{a_n \,|\, n\in\mathbf{N}\} \tag{7.1}$$

　で与えられる. 同様に下に有界な単調減少数列 $\{b_n\}$ は $\inf\{b_n \,|\, n\in\mathbf{N}\}$ に収
　束する.

　[証明]　前半だけを示す. 後半はまったく同様に行なえる. $A = \{a_n \,|\, n\in\mathbf{N}\}$
とすると，まず公理より $m = \sup A \in \mathbf{R}$ が存在する. 上限は上界であり，すべ
ての $n\in\mathbf{N}$ に対して，$a_n \leqq m$ が成立する. ところで，上限は上界の最小元であ
るので任意の $\varepsilon > 0$ について，$m - \varepsilon$ は A の上界ではない. すなわち $m - \varepsilon <
a_{n_0}$ となる番号 n_0 が存在する. したがって，$n \geqq n_0$ のとき $m - \varepsilon < a_{n_0} \leqq a_n \leqq m$
である. これから，任意の $\varepsilon > 0$ に対して，n が十分大きいとき $|m - a_n| < \varepsilon$,
つまり $\lim_{n\to\infty} a_n = m$ となる. ∎
　この命題からアルキメデスの原理とよばれる結論を導くことができる.

　命題 7-2(アルキメデスの原理)　任意の正の実数 a, b に対して，$na > b$ と
　なる自然数 n が存在する.

　[証明]　背理法を用いる. $a, 2a, 3a, \cdots$ という数列に対して，b がその上界
であると仮定しよう. すると，この数列は上に有界な単調増加数列であるから，

命題 7-1 より $m = \sup\{na \,|\, n \in \mathbf{N}\}$ に収束する．ところで，m は上限であるから，すべての自然数 n に対して $na \leqq m$ である．一方 $a > 0$ であるから $m - a \leqq m$ であり，$m - a$ は数列 $a, 2a, 3a, \cdots$ の上界ではない．したがって，ある自然数 n に対して $m - a < na$ となる．すなわち $m < (n+1)a$ となり，矛盾である．よって b は上界でなく命題は成立する．∎

この命題は $a > 0$ ならば $\displaystyle\lim_{n \to \infty} na = \infty$ となることを主張しているものである．また 1-4 節ですでに用いた $\displaystyle\lim_{n \to \infty} n = \infty$ や $\displaystyle\lim_{n \to \infty} 1/n = 0$，$a > 1$ のとき $\displaystyle\lim_{n \to \infty} a^n = \infty$，$\displaystyle\lim_{n \to \infty} a^{-n} = 0$ なども，アルキメデスの原理と同値であることを注意しておこう．

命題 7-1 から区間縮小法とよばれる実際的な命題が得られる．

命題 7-3(区間縮小法) 2 つの数列 $\{a_n\}$ と $\{b_n\}$ が，

$$a_1 \leqq a_2 \leqq \cdots \leqq a_n \leqq \cdots \leqq b_n \leqq \cdots \leqq b_2 \leqq b_1 \tag{7.2}$$

を満たし，

$$\lim_{n \to \infty} (b_n - a_n) = 0 \tag{7.3}$$

が成り立つとき，

$$\lim_{n \to \infty} a_n = \lim_{n \to \infty} b_n = a$$

となる 1 つの実数 a が存在する．

[証明] $\{a_n\}$ は上に有界な単調増加数列，$\{b_n\}$ は下に有界な単調減少数列であるから，命題 7-1 より，

$$\lim_{n \to \infty} a_n = a, \quad \lim_{n \to \infty} b_n = b$$

となる a, b が存在する．ところで，すべての自然数 n に対して，$a_n \leqq b_n$ が成立しているから，1-4 節例題 1-2 の結果より，$a_n \leqq a \leqq b \leqq b_n$ が得られる．したがって，すべての自然数 n に対して，

$$|b_n - a_n| \geqq |b - a| \geqq 0$$

であり，$n \to \infty$ の極限をとると，(7.3)より $b = a$ となる．∎

両側からどんどん距離を縮めていったとき，ある 1 つの実数にたどりつくというわけである．

自然数の列 $1, 2, 3, 4, 5, 6, \cdots$ から偶数だけをとった数列 $2, 4, 6, \cdots$ が構成でき

るように，1つの数列 $\{a_n\}$ から無限個の数を抽出して，新しい数列 $\{b_n\}$ を作ることができる．新しくとり出した数の順序は変えないという規則を設けたとき，$\{b_n\}$ を $\{a_n\}$ の**部分列**という．部分列に関する次の命題が区間縮小法の結果から導かれる．

命題 7-4　有界な数列 $\{a_n\}$ は収束する部分列を必ずもつ．

　　（この命題を**ボルツァノ‐ワイエルシュトラス（Bolzano-Wierstrass）の定理**とよぶ．）

［証明］　$\{a_n\}$ は有界であるから，すべての自然数 n に対して，$a_n \in [b_0, c_0]$ となる実数 b_0, c_0 が存在する．いま区間 $[b_0, c_0]$ を2等分して，無数の a_n を含んでいるほうの区間を $[b_1, c_1]$ とする．もし両方の区間がともに無数の a_n を含んでいるときには，右側の区間を $[b_1, c_1]$ と定める．その区間の長さは $\frac{1}{2}(c_0 - b_0)$ である．次に区間 $[b_1, c_1]$ を2等分して，やはり無数の a_n を含んでいるほうの区間を $[b_2, c_2]$ とする（図7-1参照）．両方の区間ともに無数の a_n を含んでいるときは，右側の区間が $[b_2, c_2]$ である．また区間の長さは $\frac{1}{2^2}(c_0 - b_0)$ である．

　以下同様にして，$[b_3, c_3], [b_4, c_4], \cdots$ を定めていくとき，その区間の長さは $\frac{1}{2^3}(c_0 - b_0), \frac{1}{2^4}(c_0 - b_0), \cdots$ とどんどん短くなっていく．このとき，

$$b_0 \leqq b_1 \leqq \cdots \leqq b_n \leqq \cdots \leqq c_n \leqq \cdots \leqq c_1 \leqq c_0$$

である．アルキメデスの原理から $n \to \infty$ で $1/2^n \to 0$ となるので

$$\lim_{n \to \infty}(c_n - b_n) = \lim_{n \to \infty} \frac{1}{2^n}(c_0 - b_0) = 0$$

が成り立つ．すると，区間縮小法の命題7-3から，

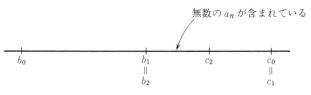

図**7-1**　収束する部分列

$$\lim_{n\to\infty} b_n = \lim_{n\to\infty} c_n = a$$

となる1つの実数 a が存在することになる．また，このように定めた区間 $[b_0, c_0], [b_1, c_1], \cdots, [b_k, c_k], \cdots$ から1つずつ a_n をとり出し，$a_{n(1)}, a_{n(2)}, \cdots,$ $a_{n(k)}, \cdots$ と名付けると，

$$b_k \leqq a_{n(k)} \leqq c_k$$

が成り立ち，$\{a_{n(k)}\}$ は部分列の条件を満足する．そこで，例題1-4 のはさみうちの原理を用いると，

$$\lim_{k\to\infty} a_{n(k)} = a$$

すなわち，部分列 $\{a_{n(k)}\}$ は a に収束することになる．▌

最後は，本章の冒頭で述べた級数の収束に関わるコーシーの定理とよばれる命題である．キーワードになるのはコーシー列という概念なので，まずその定義を述べておこう．

定義：コーシー列 数列 $\{a_n\}$ がコーシー列とは，任意の $\varepsilon > 0$ に対してある番号 N が存在し，$n, m \geqq N$ ならば $|a_m - a_n| < \varepsilon$ となることをいう．ε-δ 記法を用いると，

$$^{\forall}\varepsilon > 0, \ ^{\exists}N \ \text{s.t.} \ m, n \geqq N \Longrightarrow |a_m - a_n| < \varepsilon \tag{7.4}$$

と書かれるわけである．

[例1] $a_n = 1 + \dfrac{1}{2^2} + \cdots + \dfrac{1}{n^2}$ としたとき，$\{a_n\}$ はコーシー列である．なぜなら，$m > n$ として

$$a_m - a_n = \frac{1}{(n+1)^2} + \frac{1}{(n+2)^2} + \cdots + \frac{1}{m^2}$$

$$\leqq \frac{1}{n(n+1)} + \frac{1}{(n+1)(n+2)} + \cdots + \frac{1}{(m-1)m}$$

$$= \frac{1}{n} - \frac{1}{n+1} + \frac{1}{n+1} - \frac{1}{n+2} + \cdots + \frac{1}{m-1} - \frac{1}{m}$$

$$= \frac{1}{n} - \frac{1}{m} < \frac{1}{n}$$

であり，$N > 1/\varepsilon$ と選べば $m, n \geqq N$ のとき，

$$|a_m - a_n| < \frac{1}{n} \leqq \frac{1}{N} < \varepsilon$$

となるからである. ∎

　定義を用いて, コーシーの定理は次のように表される.

　命題 7-5(コーシーの定理)　数列 $\{a_n\}$ が収束するための必要十分条件は
$\{a_n\}$ がコーシー列になることである.

　[証明]（十分条件）　コーシー列の定義で $\varepsilon = 1$, $n = N$ とすると, $m \geqq N$ の
とき $a_N - 1 < a_m < a_N + 1$ となり, 数列 $\{a_n\}$ は有界であることがわかる. する
と命題 7-4 より, 収束する部分列をもつので, それを $\{a_{n(k)}\}$ と書く. すなわ
ち, $k \to \infty$ のとき $a_{n(k)} \to a$ とする. ε-δ 記法を用いると,

$$^\forall \varepsilon > 0, \ ^\exists K \quad \text{s.t.} \quad k \geqq K \Longrightarrow |a - a_{n(k)}| < \varepsilon \tag{7.5}$$

である. 一方, コーシー列 $\{a_n\}$ は(7.4)を満たしている. いま, N と $n(K)$
の大きい方を L と書けば, $l \geqq L$ のとき

$$|a - a_l| \leqq |a - a_{n(k)}| + |a_{n(k)} - a_l| < 2\varepsilon$$

を得る. したがって $l \to \infty$ のとき $a_l \to a$ となり, コーシー列は収束することに
なる.

　（必要条件）　数列 $\{a_n\}$ は収束するので, 次式が成り立つ.

$$^\forall \varepsilon > 0, \ ^\exists N \quad \text{s.t.} \quad n \geqq N \Longrightarrow |a - a_n| < \varepsilon \tag{7.6}$$

この式から, $m, n \geqq N$ のとき

$$|a_m - a_n| \leqq |a_m - a| + |a - a_n| < 2\varepsilon$$

が得られ, 定義より $\{a_n\}$ はコーシー列である. ∎

　なお, 証明の不等式の中で, 右辺が 2ε となっているものがあるが, ε は任意
なので式の意味は本質的に何ら変るところはない.

　以上, 連続性の公理から出発して, 実数に関するさまざまな命題を導いてき
た. 本書ではもっともわかりやすいと考えられるものを公理としたが, じつは
最後の命題 7-5 とアルキメデスの原理を公理として, 最初の連続性の「公理」
を証明することができる. したがって, これまで示してきた命題のいずれか,
命題 7-1, 命題 7-2 と 7-3, 命題 7-4, 命題 7-2 と 7-5 を公理としてもよい.
どんな言い方をしても, 本質的に同じものになっているのである.

連続性に関する命題の応用　　実数の連続性の命題を用いることにより，これまで証明を保留してきた3つの命題，

(1)　中間値の定理(2-3節)

(2)　最大値・最小値の定理(2-3節)

(3)　リーマン積分可能性に関する命題(4-1節)

を数学的に厳密に示すことができる．順に定理を再掲して証明を見ていこう．

(1)　**中間値の定理**　　関数 $f(x)$ は区間 $[a, b]$ で連続であるとする．$f(a) \neq f(b)$ のとき，$f(a) < k < f(b)$ または $f(a) > k > f(b)$ を満たす任意の k に対して，$f(c) = k$ となる c が区間 (a, b) に少なくとも1つ存在する．

[証明]　命題7-3の区間縮小法を用いればよい．以下では $f(a) < k < f(b)$ のときのみを考える．まず区間 $[a, b]$ を2等分する点を c_1 とし，もし $f(c_1) > k$ なら，区間 $[a, c_1]$ を選んで $a_1 = a$, $b_1 = c_1$ とおく．また，$f(c_1) \leqq k$ なら，区間 $[c_1, b]$ を選んで，$a_1 = c_1$, $b_1 = b$ とおく．区間 $[a_1, b_1]$ の長さは $\dfrac{1}{2}(b-a)$ である．次に $[a_1, b_1]$ を2等分する点を c_2 とし，$f(c_2) > k$ なら $[a_1, c_2]$ を選んで $a_2 = a_1$, $b_2 = c_2$, $f(c_2) \leqq k$ なら $[c_2, b_1]$ を選んで $a_2 = c_2$, $b_2 = b_1$ とする（図7-

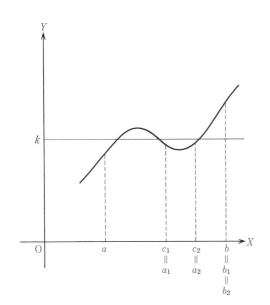

図7-2　区間縮小法

2 参照). 区間 $[a_2, b_2]$ の長さは $\frac{1}{2^2}(b-a)$ である.

以下同様にして，$[a_3, b_3]$，$[a_4, b_4]$，… を定めていけば，区間の長さは $\frac{1}{2^3}(b-a)$，$\frac{1}{2^4}(b-a)$，… とどんどん小さくなっていく．すなわち，$\lim_{n\to\infty}(b_n-a_n)=0$．またこのとき，

$$a \leqq a_1 \leqq a_2 \leqq \cdots \leqq a_n \leqq \cdots \leqq b_n \leqq \cdots \leqq b_2 \leqq b_1 \leqq b$$

が成り立つので，命題 7-3 から

$$\lim_{n\to\infty} a_n = \lim_{n\to\infty} b_n = c \tag{7.7}$$

となる 1 つの実数 c が存在する．関数 f は連続なので，$\lim_{n\to\infty} f(a_n) = \lim_{n\to\infty} f(b_n) = f(c)$ となり，$f(a_n) < k < f(b_n)$ が成り立っているから，

$$f(c) \leqq k \leqq f(c) \tag{7.8}$$

すなわち，$f(c)=k$ を得る． ∎

(2) **最大値・最小値の定理** 関数 $f(x)$ が区間 $[a, b]$ で連続であるとき，$f(x)$ が最大値 M をとる x および最小値 m をとる x が区間 $[a, b]$ にそれぞれ少なくとも 1 つ存在する．

[証明] 最大値をとる点が存在することのみを示そう（最小値をとる点の存在はまったく同様に行なえる）.

まず，区間 $[a, b]$ で連続な関数の値域 $f(x)$ は上に有界であることを示す．もし上に有界でないとすると，$f(x_n) \geqq n$，$a \leqq x_n \leqq b$ となる数列 $\{x_n\}$ が存在する．数列 $\{x_n\}$ は有界であるから，命題 7-4 より収束する部分列 $\{x_{n(k)}\}$ をもっている．部分列の $k\to\infty$ の極限を α とすると，$a \leqq \alpha \leqq b$ かつ

$$f(\alpha) = \lim_{k\to\infty} f(x_{n(k)}) \geqq \lim_{k\to\infty} n(k) = \infty \tag{7.9}$$

となり，$f(\alpha)$ が実数値をとるという条件に反する．したがって $f(x)$ は上に有界である．

上に有界であるから，区間 $[a, b]$ で上限 $M=\sup f(x)$ が存在する．ところで上限の性質から

$$M-\frac{1}{n} < f(x_n) \leqq M \tag{7.10}$$

を満たす数列 $\{x_n\}$ をとることができる. 証明の前半と同様, 収束する部分列 $\{x_{n(k)}\}$ をとり出し, $k \to \infty$ の極限を β とおくと,

$$M = \lim_{k \to \infty} \left(M - \frac{1}{n(k)} \right) \leqq \lim_{k \to \infty} f(x_{n(k)}) = f(\beta) \leqq M \qquad (7.11)$$

が得られる. すなわち, 点 $x = \beta$ で $f(x)$ は最大値 M をとる. ∎

(3) **リーマン積分可能性に関する命題** 関数 $f(x)$ が区間 $[a, b]$ で区分的に連続ならばリーマン積分可能である. すなわち $\int_a^b f(x)dx$ が存在する.

[証明] まず関数 $f(x)$ が閉区間 $[a, b]$ で連続であるときのリーマン積分可能性を証明する. そのためには(4.4)が成り立つことを言えばよい. すなわち, $n \to \infty$ かつ $\max \varDelta x_k \to 0$ の極限で,

$$T_n - R_n = \sum_{k=1}^{n} (M_k - m_k) \varDelta x_k \qquad (7.12)$$

が 0 に近づくことを示せばよいのである.

ところで, 関数 $f(x)$ が $[a, b]$ で連続であることを ε-δ 法を用いて表すと, (2.47)より

$\forall c \in [a, b]$, $\forall \varepsilon > 0$, $\exists \delta > 0$ s.t. $|x - c| < \delta \Longrightarrow |f(x) - f(c)| < \varepsilon$ (7.13)

となる. すなわち, 区間中の 1 点 c を選ぶと, 与えられた任意の $\varepsilon > 0$ に対して, $|x - c| < \delta$ のとき $|f(x) - f(c)| < \varepsilon$ となるように δ をとれるというわけである. 一般に δ は選んだ点 c に依存する. しかし, 閉区間で連続な関数に対しては「選んだ点によらない」と主張することができるのである. このことを関数は**一様連続**であるという. 一様連続性を示すためには, やはり命題7-4を用いればよい.

まず, 与えられた $\varepsilon > 0$ に対して, $\delta > 0$ をどのように小さくとっても, どこかで

$$|x - c| < \delta \quad \text{かつ} \quad |f(x) - f(c)| \geqq \varepsilon \qquad (7.14)$$

となる c があったとする. すると, $\delta = 1/n$ に対して(7.14)を満たす x と c があるので, それらを改めて x_n, y_n とおく. このとき, 有界な 2 つの数列 $\{x_n\}$, $\{y_n\}$ で

$$|x_n - y_n| < \frac{1}{n} \quad \text{かつ} \quad |f(x_n) - f(y_n)| \geqq \varepsilon \qquad (7.15)$$

となるものが存在することになる. ところで, 命題7-4より, 数列 $\{x_n\}$ は収束する部分列 $\{x_{n(k)}\}$ をもつ. その収束先を α としよう. 部分列そのものをもとの数列と考えてよく, $\{x_n\}$ が $n \to \infty$ で α に収束するといってよい. 条件 $|x_n - y_n| < \frac{1}{n}$ より, 同じく $\{y_n\}$ も $n \to \infty$ で α に収束する. このとき, 関数 $f(x)$ は点 α で連続であるから, (7.15)の ε に対して

$$|x_n - \alpha| < \delta' \Longrightarrow |f(x_n) - f(\alpha)| < \frac{\varepsilon}{2} \qquad (7.16a)$$

$$|y_n - \alpha| < \delta' \Longrightarrow |f(y_n) - f(\alpha)| < \frac{\varepsilon}{2} \qquad (7.16b)$$

となるような δ' をとることができる. 連続の条件(7.13)で ε は任意であったから, いまの場合 $\frac{\varepsilon}{2}$ を用いたのである. さて(7.16)から

$$|f(x_n) - f(y_n)| \leqq |f(x_n) - f(\alpha)| + |f(y_n) - f(\alpha)| < \varepsilon \qquad (7.17)$$

が得られる. ところが n が十分大きいとき(7.15)の条件式の x_n, y_n はともに区間 $(\alpha - \delta', \alpha + \delta')$ に入るので, (7.17)は(7.15)と矛盾することになる. よって, 仮定は否定され, 関数 $f(x)$ は一様連続であることがわかった.

さて, $f(x)$ の一様連続性から, 任意の $\varepsilon > 0$ に対して, <u>x に無関係に</u> δ が選べるので, (7.12)の $\varDelta x_k$ が $\varDelta x_k < \delta$ を満たすとき, 各小区間で

$$|M_k - m_k| < \frac{\varepsilon}{b-a} \qquad (7.18)$$

とすることができる. すると, (7.12)は

$$|T_n - R_n| = \left| \sum_{k=1}^{n} (M_k - m_k) \varDelta x_k \right| \leqq \sum_{k=1}^{n} |M_k - m_k| \varDelta x_k$$

$$< \frac{\varepsilon}{b-a} \sum_{k=1}^{n} \varDelta x_k = \varepsilon \qquad (7.19)$$

となり, $\max \varDelta x_k \to 0$ の極限でたしかに 0 に近づき積分可能となるのである.

　区分的に連続な関数の積分可能性については, 証明の概略のみを述べておくことにする. まず連続な部分については, これまで示してきたように $|\varDelta x_k| <$

δ に対して，(7.12)を ε 以下にすることができる．一方，不連続な点の個数は有限であり，かつ各点(たとえば $x=c_k$)での関数の差 $\left|\lim_{x \downarrow c_k} f(x) - \lim_{x \uparrow c_k} f(x)\right|$ も有限であるので，各点を十分小さな幅の区間で覆うことにすれば，(7.12)に対する不連続点からの寄与をやはり ε 以下とすることができる．その結果，小区間の幅を 0 にする極限をとることにより，やはり積分可能となるのである． ▮

7-2 級数の収束

1-4 節で簡単に紹介し，3-4 節で応用上重要な例(テイラー級数)を見てきた級数について，一般的な場合の収束を議論するのが本節の目的である．級数 $\sum_{n=1}^{\infty} a_n$ の収束というときには 2 つのことが問題となる．

1つは収束する場合にその和を求めることであり，2 つめは和がどうであろうとも収束するかどうかを調べることである．

級数の和　　まず第 1 の問題について，1-4 節でもとり上げた例を考えてみよう．

[**例1**]　等比数列 $a_0, a_0 r, a_0 r^2, \cdots (a_0 \neq 0)$ から作られる等比級数

$$\sum_{n=1}^{\infty} a_0 r^{n-1} = a_0 + a_0 r + a_0 r^2 + \cdots \tag{7.20}$$

の収束を調べる．

第 N 項までの部分和 S_N は具体的に計算でき，

$$S_N = \frac{a_0(1-r^N)}{1-r} \tag{7.21}$$

となる．$|r| < 1$ のとき $\lim_{N \to \infty} S_N = a_0/(1-r)$ であり，この級数は収束して和は $a_0/(1-r)$ となる．$|r| \geqq 1$ のときは，$N \to \infty$ で S_N は有限確定値をとらず発散する． ▮

[**例2**]　級数 $\sum_{n=1}^{\infty} \frac{1}{n(n+1)}$ の収束を調べる．

部分和 S_N は 7-1 節例 1 と同様にして，

$$S_N = 1 - \frac{1}{2} + \frac{1}{2} - \frac{1}{3} + \cdots + \frac{1}{N} - \frac{1}{N+1} = 1 - \frac{1}{N+1} \tag{7.22}$$

と計算できる．$N \to \infty$ のとき $S_N \to 1$ となるから，級数は収束して和は 1 である．▌

　これらの例では具体的に和が計算できた．しかし，一般にこういう場合はまれであり，2 つめの問題，すなわち収束するかどうかを調べることが級数論のおもな目的となる．

　収束に関する基本命題　　級数の収束を考察する基礎となるのは，前節で与えた実数の連続性に関する命題である．まず命題 7-5 を級数に即した形に書き直しておこう．

　命題 7-6（級数に関するコーシーの定理）　級数 $\sum_{n=1}^{\infty} a_n$ が収束するための必要十分条件は

$$^{\forall}\varepsilon>0,\ \ ^{\exists}n_0\ \ \text{s.t.}\ \ m>n\geqq n_0 \Longrightarrow |a_{n+1}+a_{n+2}+\cdots+a_m|<\varepsilon \quad (7.23)$$

　が成立することである．

　級数 $\sum_{n=1}^{\infty} a_n$ が収束するのは，部分和の数列 $\{S_n\}$ が収束することであった．ところで，命題 7-5 より $\{S_n\}$ が収束する必要十分条件は $\{S_n\}$ がコーシー列になること，すなわち任意に小さな $\varepsilon>0$ に対して m,n が十分大きいとき $|S_m - S_n|<\varepsilon$ となることであった．この内容を書き直したのが (7.23) に他ならない．

　なお命題 7-6 で $m=n+1$ とおくと $|a_{n+1}|<\varepsilon$ となる．すなわち級数 $\sum_{n=1}^{\infty} a_n$ が収束するときには $n \to \infty$ で $a_n \to 0$ となることを指摘しておこう．ただし，その逆は成立しないことも注意しておきたい．たとえば調和数列から作られる級数 $\sum_{n=1}^{\infty} 1/n$（調和級数という）を考えてみる．この級数の $a_n=1/n$ は $n \to \infty$ で 0 に近づく．ところが，

$$|a_{n+1}+a_{n+2}+\cdots+a_{2n}| = \frac{1}{n+1}+\frac{1}{n+2}+\cdots+\frac{1}{2n}$$

$$> \frac{1}{2n}+\frac{1}{2n}+\cdots+\frac{1}{2n} = \frac{1}{2}$$

となり，(7.23) の条件に反し収束しないのである．

　正項級数の収束判定　　以下，コーシーの定理に基づいてさまざまな級数の収束判定法を議論していくことにしよう．ただし，最初は**正項級数**，すなわち各項が負の値をとらない級数のみを対象とする．まず，コーシーの定理と同等

なものをあげておこう.

命題 7-7 正項級数 $\sum_{n=1}^{\infty} a_n$ が収束するための必要十分条件は, 部分和の数列 $\{S_n\}$ が有界となることである.

［証明］ $\sum_{n=1}^{\infty} a_n$ が収束すれば $\{S_n\}$ は収束し, 当然有界となる. 逆に $\{S_n\}$ が有界であれば, $a_n \geqq 0$ であるから,

$$S_1 \leqq S_2 \leqq \cdots \leqq S_n \leqq \cdots$$

となり, 有界かつ単調増加数列であるので, 命題 7-1 より $\{S_n\}$ は収束する. ▮

［**例 3**］ $\sum_{n=1}^{\infty} \dfrac{1}{n^p}$ は $p > 1$ のとき収束し, $p \leqq 1$ のとき発散することを示す.

まず $p > 1$ のとき, $k = 2, 3, 4, \cdots$ に対して

$$\int_{k-1}^{k} \frac{1}{x^p} dx > \int_{k-1}^{k} \frac{1}{k^p} dx = \frac{1}{k^p}$$

であることに気づこう. この式を用いると部分和について不等式

$$S_n = \frac{1}{1^p} + \frac{1}{2^p} + \frac{1}{3^p} + \cdots + \frac{1}{n^p}$$
$$< 1 + \int_{1}^{2} \frac{1}{x^p} dx + \int_{2}^{3} \frac{1}{x^p} dx + \cdots + \int_{n-1}^{n} \frac{1}{x^p} dx$$
$$= 1 + \int_{1}^{n} \frac{1}{x^p} dx$$

が得られる. ところが,

$$\int_{1}^{n} \frac{1}{x^p} dx < \int_{1}^{\infty} \frac{1}{x^p} dx = \left[\frac{1}{1-p} x^{1-p} \right]_{1}^{\infty} = \frac{1}{p-1}$$

であるから, $S_n < 1 + 1/(p-1)$ となる. 部分和が有界であるので, 命題 7-7 により $\sum_{n=1}^{\infty} 1/n^p$ は収束する.

$p = 1$ のときは調和級数であり, 発散する. また $p < 1$ のときは $1/n^p > 1/n$ であるので, すぐあとで述べる命題 7-8 を用いると, やはり発散することがわかる. ▮

より実用的な判定法として, 比較に基づくものがある. いま, 2 つの級数 $\sum_{n=1}^{\infty} a_n$ と $\sum_{n=1}^{\infty} b_n$ を考え, 部分和をそれぞれ S_n, T_n とする. もしある正の定数 K に対して, $a_n \leqq K b_n \ (n = 1, 2, 3, \cdots)$ が成り立っているとすると, $S_n \leqq K T_n$ となる. これから, $\sum_{n=1}^{\infty} b_n$ が収束するときは $\{T_n\}$ は有界であるから, $\{S_n\}$ も有界

となり，$\sum\limits_{n=1}^{\infty} a_n$ も収束することになり，次の命題が得られる．

命題 7-8　2つの正項級数 $\sum\limits_{n=1}^{\infty} a_n, \sum\limits_{n=1}^{\infty} b_n$ に対して，$a_n \leqq Kb_n$（$n=1,2,3,\cdots$ かつ K は正の定数）が成り立つとき，$\sum\limits_{n=1}^{\infty} b_n$ が収束すれば $\sum\limits_{n=1}^{\infty} a_n$ も収束する．

さらに，この命題の対偶をとれば，$\sum\limits_{n=1}^{\infty} a_n$ が発散すれば $\sum\limits_{n=1}^{\infty} b_n$ も発散するとも言える．

例題 7-1　次の級数の収束を調べよ．

$$(1)\ \sum_{n=1}^{\infty}\frac{2}{n^2+1} \qquad (2)\ \sum_{n=1}^{\infty}\frac{1}{\sqrt{n}+1}$$

［解］（1）　例 3 の結果から，$\sum\limits_{n=1}^{\infty} 1/n^2$ は収束する．$\dfrac{2}{n^2+1} \leqq 2\cdot\dfrac{1}{n^2}$ が成り立つので，命題 7-8 より，$\sum\limits_{n=1}^{\infty} 2/(n^2+1)$ も収束する．

（2）　やはり例 3 の結果から $\sum\limits_{n=1}^{\infty} 1/\sqrt{n}$ は発散する．$\dfrac{1}{\sqrt{n}} \leqq 2\cdot\dfrac{1}{\sqrt{n}+1}$ が成り立つので，命題 7-8 の対偶より，$\sum\limits_{n=1}^{\infty} 1/(\sqrt{n}+1)$ も発散する．∎

なお，命題 7-8 の条件 $a_n \leqq Kb_n$ はすべての n ではなく，ある n_0 より大きな n について成り立つと言いかえてもよい．なぜなら，コーシーの定理からもわかるように，級数の収束においては，「尻尾の部分」すなわち，十分大きな番号をもつ項の和のみが問題になるからである．このことを積極的に用いたのが次の命題である．

命題 7-9　2つの正項級数 $\sum\limits_{n=1}^{\infty} a_n, \sum\limits_{n=1}^{\infty} b_n$ について，

$$\lim_{n\to\infty}\frac{a_n}{b_n} = K \tag{7.24}$$

となる正定数 K が存在するとき，$\sum\limits_{n=1}^{\infty} b_n$ が収束（発散）すれば，$\sum\limits_{n=1}^{\infty} a_n$ も収束（発散）する．

［証明］　条件式は次のように言いかえることができる．

$$^{\forall}\varepsilon > 0,\ ^{\exists}N\ \text{ s.t. }\ n > N \Longrightarrow \left|\frac{a_n}{b_n} - K\right| < \varepsilon \tag{7.25}$$

いま $\varepsilon = K$ とすると，$0 < \dfrac{a_n}{b_n} < 2K$ となり，$a_n < 2Kb_n$. また，$\varepsilon = K/2$ とすると，

$\dfrac{K}{2} < \dfrac{a_n}{b_n} < \dfrac{3}{2}K$ となり，$\dfrac{K}{2}b_n < a_n$. したがって命題 7-8 とその対偶より結論

が成り立つ. ∎

例題 7-2　次の級数の収束を調べよ.

$$(1)\ \ \sum_{n=1}^{\infty} \frac{n-1}{n(n+1)} \qquad (2)\ \ \sum_{n=1}^{\infty} \frac{2n+1}{n^3}$$

[解]　(1)　$a_n = \dfrac{n-1}{n(n+1)}$, $b_n = \dfrac{1}{n}$ とすると，

$$\lim_{n\to\infty} \frac{a_n}{b_n} = \lim_{n\to\infty} \frac{n-1}{n+1} = 1$$

$\displaystyle\sum_{n=1}^{\infty} \frac{1}{n}$ は発散するから，命題 7-9 より $\displaystyle\sum_{n=1}^{\infty} \frac{n-1}{n(n+1)}$ も発散.

(2)　$a_n = \dfrac{2n+1}{n^3}$, $b_n = \dfrac{1}{n^2}$ とすると，

$$\lim_{n\to\infty} \frac{a_n}{b_n} = \lim_{n\to\infty} \frac{2n+1}{n} = 2$$

$\displaystyle\sum_{n=1}^{\infty} \frac{1}{n^2}$ は収束するから，命題 7-9 より $\displaystyle\sum_{n=1}^{\infty} \frac{2n+1}{n^3}$ も収束. ∎

なお命題 7-9 で $K=0$ のときは判定できないことを注意しておこう.

性質がよくわかっている等比級数と比較しようという考えに基づくものが次の判定法である.

命題 7-10(ダランベールの判定法)　正項級数 $\displaystyle\sum_{n=1}^{\infty} a_n$ において，

$$\lim_{n\to\infty} \frac{a_{n+1}}{a_n} = r \tag{7.26}$$

のとき，$r<1$ なら $\displaystyle\sum_{n=1}^{\infty} a_n$ は収束し，$r>1$ なら $\displaystyle\sum_{n=1}^{\infty} a_n$ は発散する.

[証明]　命題 7-9 と同様，条件式は次のように言いかえることができる.

$$\forall \varepsilon > 0,\ \exists N \ \ \text{s.t.}\ \ n > N \Longrightarrow \left| \frac{a_{n+1}}{a_n} - r \right| < \varepsilon \tag{7.27}$$

まず $r<1$ としよう. いま $\varepsilon = (1-r)/2$ とおくと，

$$\frac{a_{n+1}}{a_n} < r + \frac{1-r}{2} = \frac{1+r}{2}$$

が得られる．いま $R = \dfrac{1+r}{2}$ と書くと，$R<1$ であり，

$$a_{N+m} < Ra_{N+m-1} < R^2 a_{N+m-2} < \cdots < R^m a_N$$

が成り立つ．ここで級数 $\displaystyle\sum_{m=1}^{\infty} a_{N+m}$ と等比級数 $\displaystyle\sum_{m=1}^{\infty} R^m$ を比較する．等比級数は $R<1$ だから収束する．また a_N は定数である．したがって命題 7-8 から $\displaystyle\sum_{m=1}^{\infty} a_{N+m}$ も収束することになる．

　$r>1$ のときは，$\varepsilon = (r-1)/2$ とおくと

$$\frac{a_{n+1}}{a_n} > \frac{1+r}{2} > 1$$

が成り立つ．すなわち，$\{a_n\}$ は単調増加数列であって，$n \to \infty$ のとき a_n は 0 に近づかない．したがって $\displaystyle\sum_{n=1}^{\infty} a_n$ は発散する．▋

例題 7-3　級数 $\displaystyle\sum_{n=1}^{\infty} \frac{n!}{1 \cdot 3 \cdot 5 \cdot \cdots \cdot (2n-1)}$ の収束を調べよ．

　[解]　級数の第 $n+1$ 項 a_{n+1} と第 n 項 a_n の比は

$$\frac{a_{n+1}}{a_n} = \frac{n+1}{2n+1}$$

であり，$n \to \infty$ のとき $1/2$ に近づく．したがって命題 7-10 より収束．▋

　同じく等比級数との比較により得られるのが次の判定法である．

　命題 7-11（コーシーの判定法）　正項級数 $\displaystyle\sum_{n=1}^{\infty} a_n$ において，

$$\lim_{n \to \infty} a_n^{\frac{1}{n}} = r \tag{7.28}$$

のとき，$r<1$ なら $\displaystyle\sum_{n=1}^{\infty} a_n$ は収束，$r>1$ なら $\displaystyle\sum_{n=1}^{\infty} a_n$ は発散．

　[証明]　命題 7-10 と同様に証明ができるので，概略のみを示す．まず $r<1$ の場合．$r<R<1$ となる R を考えれば，n が十分大きいとき $a_n^{\frac{1}{n}} < R$ より $a_n < R^n$ が成り立つ．等比級数 $\displaystyle\sum_{n=1}^{\infty} R^n$ は収束するから，命題 7-8 により $\displaystyle\sum_{n=1}^{\infty} a_n$ も収束する．次に $r>1$ の場合，$r>R>1$ となる R を考えれば n が十分大きいとき $a_n^{\frac{1}{n}} > R$ より $a_n > R^n$ が成り立つ．$\displaystyle\sum_{n=1}^{\infty} R^n$ は発散するから，命題 7-8 により

$\displaystyle\sum_{n=1}^{\infty} a_n$ も発散する. ▮

例題 7-4 級数 $\displaystyle\sum_{n=1}^{\infty}\left(1-\dfrac{1}{n}\right)^{n^2}$ の収束を調べよ.

[解] $a_n=\left(1-\dfrac{1}{n}\right)^{n^2}$ とおくと, $a_n^{\frac{1}{n}}=\left(1-\dfrac{1}{n}\right)^{n}$ である. ところで(1.47)より $n\to\infty$ のとき $a_n^{\frac{1}{n}}\to e^{-1}<1$ であり, 命題 7-11 から級数は収束する. ▮

なお, 命題 7-10, 7-11 ともに $r=1$ のときは判定法として使えず他の判定法を考えなければならないことを注意しておこう.

絶対収束と条件収束　これまで正項級数のみを扱ってきた. しかし正の項, 負の項が混りあった級数ももちろん存在する. そうした級数の収束を議論するために1つの言葉を定義しておこう.

級数 $\displaystyle\sum_{n=1}^{\infty} a_n$ が与えられたとき, $\displaystyle\sum_{n=1}^{\infty}|a_n|$ は正項級数である. もし $\displaystyle\sum_{n=1}^{\infty}|a_n|$ が収束するとき, $\displaystyle\sum_{n=1}^{\infty} a_n$ を**絶対収束級数**という.

いま, $\displaystyle\sum_{n=1}^{\infty} a_n$ が絶対収束級数であるとしよう. すると, コーシーの定理(命題 7-6)から, $m>n\geqq n_0$ のとき,
$$|a_{n+1}|+|a_{n+2}|+\cdots+|a_m|<\varepsilon$$
が成り立つ. ところで3角不等式を用いると,
$$|a_{n+1}+a_{n+2}+\cdots+a_m| \leqq |a_{n+1}|+|a_{n+2}|+\cdots+|a_m|<\varepsilon$$
である. 再びコーシーの定理を用いると, この不等式から $\displaystyle\sum_{n=1}^{\infty} a_n$ の収束することがわかる. したがって次の命題が成り立つ.

命題 7-12 $\displaystyle\sum_{n=1}^{\infty} a_n$ が絶対収束級数ならば $\displaystyle\sum_{n=1}^{\infty} a_n$ は収束する.

[例 4] 級数 $\displaystyle\sum_{n=1}^{\infty}(-1)^{n-1}\dfrac{1}{n^2}=1-\dfrac{1}{2^2}+\dfrac{1}{3^2}-\dfrac{1}{4^2}+\cdots$ は $\displaystyle\sum_{n=1}^{\infty}\dfrac{1}{n^2}$ が収束するから絶対収束級数であり, やはり収束する. ▮

絶対収束級数ではないが収束する級数のことを**条件収束級数**という. このような級数の収束判定を行なうのは, 一般にはそう簡単でない. しかし, 例4の級数のように, 1項ごとに符号を変える級数(**交代級数**という)の場合に, 1つ

の判定法が知られている.

命題 7-13 $a_1 \geqq a_2 \geqq \cdots \geqq a_n \geqq \cdots > 0$, $\lim_{n \to \infty} a_n = 0$ が成り立つとき，交代級数 $\sum_{n=1}^{\infty} (-1)^{n-1} a_n = a_1 - a_2 + a_3 - \cdots$ は収束する.

［証明］ $2N$ 項までの部分和 S_{2N} と $2N+2$ 項までの部分和 S_{2N+2} を比較すると，

$$S_{2N+2} = S_{2N} + (a_{2N+1} - a_{2N+2}) \geqq S_{2N}$$

となる. ところで，

$$S_{2N} = a_1 - (a_2 - a_3) - (a_4 - a_5) - \cdots - a_{2N} < a_1$$

であるから，偶数番目までの部分和からなる数列 $\{S_{2N}\}$ は有界かつ単調増加数列となり，命題 7-7 より収束する. また，

$$\lim_{N \to \infty} S_{2N+1} = \lim_{N \to \infty} (S_{2N} + a_{2N+1}) = \lim_{N \to \infty} S_{2N} + \lim_{N \to \infty} a_{2N+1} = \lim_{N \to \infty} S_{2N}$$

であるから，奇数番目までの部分和からなる数列 $\{S_{2N+1}\}$ も同じ極限に収束する. したがって，部分和の極限が一意に定まるので，$\sum_{n=1}^{\infty} (-1)^{n-1} a_n$ は収束する. ∎

［例5］ 交代級数 $\sum_{n=1}^{\infty} (-1)^{n-1} \dfrac{1}{n} = 1 - \dfrac{1}{2} + \dfrac{1}{3} - \dfrac{1}{4} + \cdots$ は命題 7-13 の条件を満足し，収束する. ∎

7-3 関数列と関数級数

関数列の収束 数列を拡張したものとして，関数列 $f_1(x), f_2(x), \cdots, f_n(x), \cdots$ を考えよう. この列が区間 $[a, b]$ の 1 点 c で一定の値に近づくとき，関数列は $x = c$ で収束するという. さらに，$f_n(x)$ が区間 $[a, b]$ のすべての点で $f(x)$ に収束する，すなわち，

$$\lim_{n \to \infty} f_n(x) = f(x) \tag{7.29}$$

が成り立つとき，関数列は区間 $[a, b]$ で $f(x)$ に**各点収束**するという. なぜわざわざ「各点」収束というのか. じつはこの定義だけでは極限の関数 $f(x)$ が関数列の関数 $f_n(x)$ の性質を保たない場合が生じるからである. いくつか例を

見てみよう.

　[**例1**]　区間 $[0,1]$ における関数列 $f_n(x)=\dfrac{1+nx}{1+n}$ $(n=1,2,3,\cdots)$ に対して,

$$\lim_{n\to\infty} f_n(x) = x$$

この場合, 図 7-3 のように $f_1(x)=\dfrac{1}{2}(1+x)$ から出発した関数列は,「素直に」
極限関数 $f(x)=x$ に近づいている. ▌

　[**例2**]　区間 $[0,1]$ における関数列 $f_n(x)=x^n$ $(n=1,2,3,\cdots)$ に対して,

$$\lim_{n\to\infty} f_n(x) = \begin{cases} 0 & (0\leqq x<1) \\ 1 & (x=1) \end{cases}$$

この場合, 図 7-4 からわかるように, x が 1 にきわめて近くなると, n を大き
くしても極限値 0 になかなか近づかない. 大ざっぱにいうと, x が 1 に近づく
につれて関数列の収束はどんどん遅くなる. 収束の様子が x に依存している
のである. なお, $f_n(x)=x^n$ は連続関数であるにもかかわらず, 極限関数は不
連続になっている. ▌

　[**例3**]　区間 $[0,\infty)$ における関数列 $f_n(x)=n^2xe^{-nx}$ $(n=1,2,3,\cdots)$ に対して,

$$\lim_{n\to\infty} f_n(x) = 0$$

この場合, $f_n(x)$ は $x=1/n$ で極大値 ne^{-1} をとることがわかる. すなわち, n
をどれだけ大きくとっても, 0 の十分近くにきわめて大きな値をとる点が存在
しているのである. また,

$$\int_0^\infty f_n(x)dx = \left[-nxe^{-nx}-e^{-nx}\right]_0^\infty = 1$$

$$\int_0^\infty f(x)dx = 0$$

であり, 積分と極限の順序を交換できないことがわかる. ▌

　一様収束　　関数列の極限をとった際, 例 2 のように関数の不連続性が生じ
たり, 例 3 のように積分と極限の順序を交換できないことが起りうる. そうな
らないためには, どのような条件があればよいか. そこで定義されるのが一様
収束である.

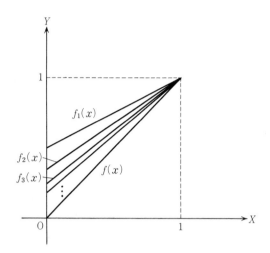

図7-3 関数列の収束

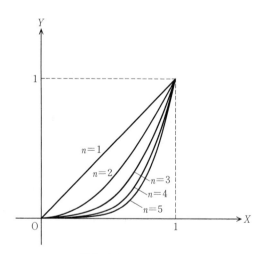

図7-4 $f_n(x)$ のグラフ

定義：一様収束　任意の $\varepsilon>0$ に対して，x に無関係に ε だけで決まる番号 N が存在して，$n>N$ となるすべての n について $|f_n(x)-f(x)|<\varepsilon$ となるとき，もしくは ε-δ 記法を用いて

$$\forall\varepsilon>0,\ \exists(x に無関係な)N\quad\text{s.t.}\quad n>N\Longrightarrow|f_n(x)-f(x)|<\varepsilon \tag{7.30}$$

が成り立つとき，関数列 $f_1(x),f_2(x),\cdots,f_n(x),\cdots$ は $f(x)$ に一様収束するという．

　一様という言葉は，7-1 節の一様連続と同様 x に依存しないという意味で用いている．例1の関数列の場合，$f(x)=x$ であり，$f_n(x)-f(x)=\dfrac{1-x}{1+n}$ となる．したがって，

$$\left|f_n(x)-f(x)\right|=\left|\frac{1-x}{1+n}\right|<\varepsilon \tag{7.31}$$

とするには，

$$n>\frac{|1-x|}{\varepsilon}-1 \tag{7.32}$$

とすればよい．与えられた ε に対して，区間 $[0,1]$ では $N=\dfrac{1}{\varepsilon}-1$ ととれば，すべての x について $n>N$ のとき(7.31)が成り立つことになり，一様収束の条件を満足している．一方，例2の場合は $x=1$ の近く，例3の場合は $x=0$ の近くで，n が大きいとき関数が急激に変化しており，一様収束となっていないのである．

　一様収束性が保証されている関数列については以下の命題が成り立つ．

命題7-14　区間 $[a,b]$ における連続関数の列 $f_n(x)(n=1,2,3,\cdots)$ が関数 $f(x)$ に一様収束するとき，

（1）　$f(x)$ は連続関数となる．

（2）　極限と積分は交換できる．すなわち，

$$\lim_{n\to\infty}\int_a^b f_n(x)dx=\int_a^b f(x)dx \tag{7.33}$$

［証明］（1）　任意の $\varepsilon>0$ に対して，適当に番号 N をとれば，$n>N$ となる n に対して，

$$|f_n(x)-f(x)|<\varepsilon, \quad |f_n(x+\Delta x)-f(x+\Delta x)|<\varepsilon \tag{7.34}$$

が成り立つ. ただし, $x, x+\Delta x$ とも区間 $[a, b]$ 内の点である. また, $f_n(x)$ は連続だから $\delta>0$ を十分小さくとれば, $|\Delta x|<\delta$ となるすべての Δx に対して,

$$|f_n(x+\Delta x)-f_n(x)|<\varepsilon \tag{7.35}$$

も成り立つ.

そこで, 与えられた $\varepsilon'>0$ に対して, $\varepsilon=\varepsilon'/3$ とし, (7.34)を満たす $f_n(x)$ に対して, さらに(7.35)が成り立つように δ をとれば,

$$|f(x+\Delta x)-f(x)|$$
$$= |f(x+\Delta x)-f_n(x+\Delta x)+f_n(x+\Delta x)-f_n(x)+f_n(x)-f(x)|$$
$$\leq |f(x+\Delta x)-f_n(x+\Delta x)|+|f_n(x+\Delta x)-f_n(x)|+|f_n(x)-f(x)|$$
$$< \varepsilon+\varepsilon+\varepsilon = \varepsilon' \tag{7.36}$$

となり, 確かに $f(x)$ は連続関数となる.

(2) (7.34)の条件から, $n>N$ のとき,

$$\left|\int_a^b f_n(x)dx-\int_a^b f(x)dx\right| = \left|\int_a^b (f_n(x)-f(x))dx\right|$$
$$\leq \int_a^b |f_n(x)-f(x)|dx \leq \int_a^b \varepsilon dx = \varepsilon(b-a) \tag{7.37}$$

ε は任意であるから, 確かに(7.33)は成り立つ. ∎

命題 7-15 区間 $[a, b]$ において, 関数列 $f_n(x)$ $(n=1, 2, 3, \cdots)$ が $f(x)$ に各点収束し, さらに, $f'_n(x)$ $(n=1, 2, 3, \cdots)$ が連続で $g(x)$ に一様収束するとき, $g(x)=f'(x)$ が成り立つ.

[証明] 命題 7-14(2)の結果を用いると,

$$\int_a^x g(t)dt = \lim_{n\to\infty}\int_a^x f_n'(t)dt = \lim_{n\to\infty}(f_n(x)-f_n(a))$$
$$= f(x)-f(a) \tag{7.38}$$

となるから $f(x)$ は微分可能であり, $f'(x)=g(x)$ を得る. ∎

命題 7-15 と関連して, 一様収束でないため極限関数が微分可能でない例を1つあげておこう.

[例 4] 区間 $[-1, 1]$ における関数列 $f_n(x)=\dfrac{2x}{\pi}\tan^{-1}nx$ $(n=1, 2, 3, \cdots)$ に

ついて，$f_n(x)$ はすべて微分可能であるが，極限の関数 $f(x) = \lim_{n \to \infty} f_n(x) = |x|$ は $x = 0$ で微分可能でない．∎

関数級数　数列の無限和が級数であったように，関数列の無限和

$$\sum_{n=1}^{\infty} f_n(x) = f_1(x) + f_2(x) + f_3(x) + \cdots \tag{7.39}$$

を**関数級数**という．部分和

$$S_N(x) = f_1(x) + f_2(x) + \cdots + f_N(x) \tag{7.40}$$

が $S(x)$ に一様収束するとき，関数級数(7.39)はやはり**一様収束**するという．

　級数の収束が数列の収束の言いかえであったように，命題7-14, 7-15 から次の命題が得られる．

命題 7-16　区間 $[a, b]$ における関数列 $f_n(x)$ ($n = 1, 2, 3, \cdots$) が連続で $\sum_{n=1}^{\infty} f_n(x)$ が $S(x)$ に一様収束するとき，

(1)　$S(x)$ は連続関数となる．

(2)　$\displaystyle\int_a^b S(x)dx = \int_a^b f_1(x)dx + \int_a^b f_2(x)dx + \int_a^b f_3(x)dx + \cdots$ 　(7.41)

命題 7-17　区間 $[a, b]$ において，$f_1(x) + f_2(x) + f_3(x) + \cdots$ が $S(x)$ に各点収束し，$f_1'(x) + f_2'(x) + f_3'(x) + \cdots$ の各項が連続で $T(x)$ に一様収束するとき，$S(x)$ は微分可能であり，$S'(x) = T(x)$ が成り立つ．

　このような関数級数の一様収束性を判定するのによく使われるのが次の定理である．

命題 7-18(ワイエルシュトラスの優級数判定法)　区間 $[a, b]$ における関数列 $f_n(x)$ ($n = 1, 2, 3, \cdots$) について，区間内のすべての x に対して

$$|f_n(x)| \leq M_n \tag{7.42}$$

が成り立ち，正項級数 $\sum_{n=1}^{\infty} M_n$ が収束するとき，関数級数 $\sum_{n=1}^{\infty} f_n(x)$ は一様収束する．

　より優れた(たちの良い)級数と比較しようというわけである．なお，区間の各点での収束は当然のことながら絶対収束である．

　[証明]　部分和(7.40)に対して，$m > n$ のとき

$$|S_m(x) - S_n(x)| = |f_{n+1}(x) + f_{n+2}(x) + \cdots + f_m(x)|$$
$$\leqq |f_{n+1}(x)| + |f_{n+2}(x)| + \cdots + |f_m(x)|$$
$$\leqq M_{n+1} + M_{n+2} + \cdots + M_m \tag{7.43}$$

が成り立つ. 級数の命題7-6から, $\varepsilon > 0$ に対して十分大きな番号 N をとれば, $n \geqq N$ である n に対して $\sum\limits_{n=1}^{\infty} M_n$ が収束することより $|M_{n+1} + M_{n+2} + \cdots + M_m|$ $< \varepsilon$ となる. したがって $\sum\limits_{n=1}^{\infty} f_n(x)$（および $\sum\limits_{n=1}^{\infty} |f_n(x)|$）は収束する. 番号 N は x によらないから, この収束は一様収束である. ▮

[**例5**] 関数級数 $\sum\limits_{n=1}^{\infty} \dfrac{\cos nx}{n^2}$ は一様（かつ絶対）収束する. なぜなら, すべての x に対して, $\left| \dfrac{\cos nx}{n^2} \right| \leqq \dfrac{1}{n^2}$ であり, $\sum\limits_{n=1}^{\infty} \dfrac{1}{n^2}$ は収束するからである. ▮

なお, このような三角関数をもとにした級数を**フーリエ(Fourier)級数**という. 応用上きわめて重要な級数であり, 本シリーズ6巻『フーリエ解析』で詳しく取り扱われる.

7-4 べき級数

関数級数の中でもっとも簡単なものが, $a_0, a_1, a_2, \cdots$ を定数として,

$$\sum_{n=0}^{\infty} a_n x^n = a_0 + a_1 x + a_2 x^2 + \cdots \tag{7.44}$$

の形で表される**べき級数**(power series)である.「べき」は漢字で冪もしくは簡単に巾と書き, 累乗を表す単語である. 最近ではべき級数を**整級数**と呼ぶことも多い.

べき級数の収束　3-4節で見てきたテイラー級数はべき級数の1つである. そこでも触れたように, 級数が収束するためには x の範囲に制限がつく. 本節ではまずその条件から調べていくことにしよう.

まず, べき級数(7.44)が $x = c$ で収束したとする. このとき, すべての n について $|a_n c^n| < M$ となる定数 M が存在する. したがって,

$$|a_n x^n| = |a_n c^n| \cdot \left|\frac{x}{c}\right|^n < M\left|\frac{x}{c}\right|^n \tag{7.45}$$

である. $|x|<|c|$ を満たす x について $\sum\limits_{n=0}^{\infty} M\left|\frac{x}{c}\right|^n$ は収束するから, 命題 7-8 より $\sum\limits_{n=0}^{\infty} a_n x^n$ は絶対収束することになる. さらに $0<c'<|c|$ となる任意の c' をとると, $|x|\leqq c'$ の範囲で $|a_n x^n|\leqq|a_n c'^n|$ であり, かつ $\sum\limits_{n=0}^{\infty}|a_n c'^n|$ が収束するから, 命題 7-18 により $\sum\limits_{n=0}^{\infty} a_n x^n$ は一様収束する.

[例1] べき級数 $\sum\limits_{n=1}^{\infty}(-1)^{n-1}\dfrac{x^n}{n}=x-\dfrac{x^2}{2}+\dfrac{x^3}{3}-\cdots$ は $x=1$ のとき, 7-2 節例 5 の結果から収束する. したがって $|x|<1$ で絶対収束し, $0<c<1$ となる c をとると $|x|\leqq c$ で一様収束する. ▮

なお, このべき級数は $\ln(1+x)$ のマクローリン級数 (3.62) そのものであり, $x=-1$ のときは発散することを注意しておこう.

例 1 のべき級数は $|x|<1$ で収束し, $|x|>1$ で発散している. すなわち $|x|=1$ が収束するかしないかのしきい値になっている. 一般に $\sum\limits_{n=0}^{\infty} a_n x^n$ が $x=c$ で収束するような c の値の集合を考え, その上限を R としたとき, $|x|<R$ となる x に対して $\sum\limits_{n=0}^{\infty} a_n x^n$ は絶対収束することになる. この R をべき級数の**収束半径**(radius of convergence)という.

以上述べてきたことから, 収束半径 R のべき級数 $\sum\limits_{n=0}^{\infty} a_n x^n$ は次の性質をもつ.

(1) $|x|>R$ のとき発散.

(2) $|x|<R$ では絶対収束. また $0<R$ のとき, $0<\rho<R$ となる ρ について閉区間 $[-\rho,\rho]$ すなわち $|x|\leqq\rho$ で, 一様収束.

(3) $R=0$ のとき, $x=0$ の場合のみ収束.

(4) $R=\infty$ のとき, すべての x に対して収束.

なお, $|x|=R$ では, 例 1 のように収束したり発散したりすることがあることに注意しよう.

収束半径の計算　べき級数 $\sum\limits_{n=0}^{\infty} a_n x^n$ の収束半径を求めるためには, 命題 7-10 のダランベールの判定法を用いればよい. 命題から,

$$\lim_{n\to\infty}\left|\frac{a_{n+1}x^{n+1}}{a_nx^n}\right| = \lim_{n\to\infty}\left|\frac{a_{n+1}}{a_n}\right||x| \tag{7.46}$$

が1より小さいとき級数は収束，逆に1より大きいとき級数は発散する．したがってしきい値となる R は

$$\lim_{n\to\infty}\left|\frac{a_{n+1}}{a_n}\right|R = 1 \tag{7.47}$$

を満足する．すなわち，こうした極限がとれるとき，収束半径は

$$R = \lim_{n\to\infty}\left|\frac{a_n}{a_{n+1}}\right| \tag{7.48}$$

で与えられることになる．

例題 7-5　次のべき級数の収束半径を求めよ．

$$(1)\ \sum_{n=0}^{\infty} x^n \qquad (2)\ \sum_{n=0}^{\infty}\frac{1}{n!}x^n \qquad (3)\ \sum_{n=0}^{\infty} n!x^n$$

［解］　(1)　すべての n について $a_n=1$．したがって $R = \lim_{n\to\infty}\left|\frac{1}{1}\right|=1$.

(2)　$a_n=1/n!$ であり，$R = \lim_{n\to\infty}\left|\frac{1/n!}{1/(n+1)!}\right| = \lim_{n\to\infty}(n+1)=\infty$.

(3)　$a_n=n!$ であり，$R = \lim_{n\to\infty}\left|\frac{n!}{(n+1)!}\right| = \lim_{n\to\infty}\frac{1}{n+1}=0$. ∎

例題中(1)は $\dfrac{1}{1-x}$，(2)は e^x のマクローリン級数である．それぞれの収束半径は 3-4 節の収束条件と一致している．(3)は $x=0$ 以外収束しない級数の例である．

級数の中には

$$\sum_{n=0}^{\infty} b_nx^{ln} = b_0+b_1x^l+b_2x^{2l}+\cdots \tag{7.49}$$

のように，規則的に項が抜けているものもある．この場合，(7.46)(7.47)と同様に考えて，

$$R^l = \lim_{n\to\infty}\left|\frac{b_n}{b_{n+1}}\right| \tag{7.50}$$

を満たす R が収束半径になる.

例題 7-6 べき級数 $\displaystyle\sum_{n=0}^{\infty} \frac{(-1)^n}{2n+1} x^{2n+1} = x - \frac{x^3}{3} + \frac{x^5}{5} - \cdots$ の収束半径を求めよ.

［解］ 級数は $x\left(1 - \dfrac{x^2}{3} + \dfrac{x^4}{5} - \cdots\right)$ とも書かれ，(7.49)と本質的に同じ形をしている．(7.50)を用いると

$$R^2 = \lim_{n\to\infty} \left| \frac{(-1)^n/(2n+1)}{(-1)^{n+1}/(2n+3)} \right| = \lim_{n\to\infty} \left| \frac{2n+3}{2n+1} \right| = 1$$

したがって，$R=1$ である． ∎

べき級数の微積分 ある関数 $f(x)$ がべき級数の形で

$$f(x) = \sum_{n=0}^{\infty} a_n x^n = a_0 + a_1 x + a_2 x^2 + \cdots \tag{7.51}$$

と表されているとする．いま右辺の各項を項別に微分して得られる級数

$$g(x) = \sum_{n=1}^{\infty} n a_n x^{n-1} = a_1 + 2a_2 x + 3a_3 x^2 + \cdots \tag{7.52}$$

について，確かに $g(x)=f'(x)$ となっているかを調べてみよう．無限級数の各項ごとに微分したものの和が級数全体の微分になっているかどうかが問題なのである．

(7.51)の右辺のべき級数の収束半径 R が(7.48)によって計算されているとする．このとき(7.52)の右辺のべき級数の収束半径は同様に計算でき，

$$\lim_{n\to\infty} \left| \frac{n a_n}{(n+1) a_{n+1}} \right| = \lim_{n\to\infty} \left| \frac{n}{n+1} \right| \left| \frac{a_n}{a_{n+1}} \right| = R \tag{7.53}$$

となる．すなわち，2つのべき級数の収束半径は等しいのである．

さて，収束半径 R に対して，$0<\rho<R$ となる ρ をとったとき，$|x| \le \rho$ で(7.52)の右辺のべき級数は一様収束する．すると命題 7-17 により

$$f'(x) = g(x) \tag{7.54}$$

が成り立つことになる．さらに，(7.51)の右辺の級数も一様収束するので，命題 7-16(2) を用いて，$|\xi| \le \rho$ のとき，

$$\int_0^\xi f(x)dx = \sum_{n=0}^\infty \int_0^\xi a_n x^n dx = \int_0^\xi a_0 dx + \int_0^\xi a_1 x dx + \int_0^\xi a_2 x^2 dx + \cdots$$

$$= a_0\xi + \frac{1}{2}a_1\xi^2 + \frac{1}{3}a_2\xi^3 + \cdots$$

も成り立つことがわかる．上式は変数をとりかえて，

$$\int_0^x f(t)dt = \sum_{n=0}^\infty \int_0^x a_n t^n dt = \sum_{n=0}^\infty \frac{a_n}{n+1}x^{n+1} \tag{7.55}$$

と書くこともできる．

　以上のように，べき級数 $f(x) = \sum_{n=0}^\infty a_n x^n$ は x が収束半径の内部にあれば，項別に微分しても積分してもよいことになる．すなわち，(7.54),(7.55)が成り立つのである．なお，$f(x)$ を微分した関数 $g(x)$ についても同じことが主張でき，x が収束半径の内部にあれば，

$$g'(x) = f''(x) = \sum_{n=2}^\infty 2n(n-1)a_n x^{n-2} \tag{7.56}$$

となる．以下 $f(x)$ は収束半径内で何回でも微分できることになるのである．

　[例2]　関数 $1/(1+x)$ はべき級数の形で

$$\frac{1}{1+x} = 1 - x + x^2 - x^3 + x^4 - \cdots$$

と表される．収束半径は $R=1$ である．したがって $|x|<R$ で右辺の級数は一様収束し，両辺を微分して

$$\frac{-1}{(1+x)^2} = -1 + 2x - 3x^2 + 4x^3 - \cdots$$

もう一度微分して

$$\frac{2}{(1+x)^3} = 2 - 6x + 12x^2 - \cdots$$

を得る．また両辺を(変数をとりかえて)積分すると，

$$\int_0^x \frac{1}{1+t}dt = \int_0^x 1 dt - \int_0^x t dt + \int_0^x t^2 dt - \cdots$$

より

$$\ln(1+x) = x - \frac{x^2}{2} + \frac{x^3}{3} - \cdots$$

を得る. ∎

べき級数の応用 (7.51)のように, べき級数は収束半径内の x に対して 1 つの関数 $f(x)$ を定義する. このようにべき級数の形で関数を表すことによりきわめて広い範囲の関数を取り扱うことができるため, べき級数は解析学においてもっとも重要な級数となっている.

それだけではない. べき級数はさまざまな具体的問題にも応用することができる. 以下では, その中から 3 つ例をあげておくことにしよう.

極限の計算 2-3 節で関数の極限を取り扱い, 3-3 節で 0/0 の形の不定形となる場合に, ロピタルの公式が有効であると指摘した. しかし, ロピタルの公式を用いなくても, べき級数展開を行なうことにより見通しよく極限が計算できる. 第 2 章演習問題[4](c)の場合, $\cos x$ をマクローリン級数の形で書くと

$$\frac{1-\cos x}{x^2} = \frac{1 - \left(1 - \frac{1}{2}x^2 + \frac{1}{24}x^4 - \cdots\right)}{x^2} = \frac{1}{2} - \frac{1}{24}x^2 + \cdots$$

となる. ここで $x\to 0$ の極限をとれば $\frac{1}{2}$ の答が得られるというわけである.

例題 7-7 $\displaystyle\lim_{x\to\infty} \frac{x\ln(1-x)}{\sin^2 x}$ を求めよ.

[解] $\ln(1-x)$, $\sin x$ のマクローリン級数を用いると,

$$\frac{x\ln(1-x)}{\sin^2 x} = \frac{x\left(-x - \frac{1}{2}x^2 - \frac{1}{3}x^3 - \cdots\right)}{\left(x - \frac{1}{3!}x^3 + \cdots\right)^2} = \frac{-1 - \frac{1}{2}x - \cdots}{1 - \frac{1}{3}x^2 - \cdots}$$

となり, $x\to 0$ として極限値 -1 を得る. ∎

積分のべき級数による表現 応用上重要な関数の 1 つに**誤差関数**

$$\varphi(x) = \int_0^x e^{-t^2}dt \tag{7.57}$$

がある. この積分は 2-2 節で触れたガンマ関数同様, 一般の x に対して初等

関数では表せない．しかし，e^{-t^2} をべき級数で表し，項別に積分することにより，好きな精度までの近似値を得ることができる．実際 e^{-t^2} をべき級数で表すと，

$$e^{-t^2} = \sum_{n=0}^{\infty} (-1)^n \frac{t^{2n}}{n!} = 1 - t^2 + \frac{1}{2!} t^4 - \frac{1}{3!} t^6 + \cdots$$

であり，

$$\varphi(x) = \int_0^x \sum_{n=0}^{\infty} (-1)^n \frac{t^{2n}}{n!} dt = \sum_{n=0}^{\infty} (-1)^n \frac{x^{2n+1}}{n!(2n+1)}$$

$$= x - \frac{1}{3} x^3 + \frac{1}{10} x^5 - \frac{1}{42} x^7 + \cdots \tag{7.58}$$

の表現が得られる．なお，(7.58)の右辺の級数の収束半径は ∞ である．

　　微分方程式の解に対するべき級数の表現　　3-5 節でいくつかの微分方程式を紹介し，4-4 節で積分を用いて解ける例をあげた．しかし，微分方程式はいつも簡単に初等関数で表される解をもつわけではない．そうした場合に，べき級数を用いて解を求める方法が役立つのである．

　　[例3]　微分方程式 $\dfrac{d}{dx} f(x) = 2f(x)$，$f(0) = 1$ に対して，$f(x) = \sum_{n=0}^{\infty} a_n x^n$ の形の解を求める．

$$f'(x) = \sum_{n=1}^{\infty} n a_n x^{n-1} = \sum_{n=0}^{\infty} (n+1) a_{n+1} x^n$$

であり，$f(x)$ と $f'(x)$ のべき級数の表現を微分方程式に代入すると，

$$\sum_{n=0}^{\infty} \{(n+1) a_{n+1} - 2a_n\} x^n = 0 \tag{7.59}$$

を得る．x のすべてのべきで(7.59)が成り立つためには

$$(n+1) a_{n+1} - 2a_n = 0 \qquad (n = 0, 1, 2, \cdots) \tag{7.60}$$

の漸化式が成り立たなければならない．(7.60)から，a_0 を与えたとき，

$$a_1 = 2a_0, \quad a_2 = \frac{2}{2} a_1 = \frac{1}{2} 2^2 a_0, \quad a_3 = \frac{2}{3} a_2 = \frac{1}{3!} 2^3 a_3,$$

$$\cdots, \quad a_n = \frac{1}{n!} 2^n a_0, \quad \cdots$$

と順次係数が決定する. したがって,

$$f(x) = \sum_{n=0}^{\infty} \frac{1}{n!} 2^n a_0 x^n = a_0 \sum_{n=0}^{\infty} \frac{1}{n!} (2x)^n \qquad (7.61)$$

となる. $f(0) = a_0 = 1$ であるから, 結局解は

$$f(x) = \sum_{n=0}^{\infty} \frac{1}{n!} (2x)^n \qquad (7.62)$$

である. ▮

　このべき級数解は $f(x) = e^{2x}$ をマクローリン級数で表したものに他ならない. すなわち初等関数で書かれる解をべき級数の形で得たのである. しかし, さきに指摘したように, もっと一般の微分方程式に対して, この方法はきわめて有効な手段となるのである.

第7章　演習問題

[1]　$a_n = 1 + \dfrac{1}{2^3} + \dfrac{1}{3^3} + \cdots + \dfrac{1}{n^3}$ としたとき，$\{a_n\}$ はコーシー列であることを証明せよ.

[2]　次の級数の収束を調べよ.

(a)　$\displaystyle\sum_{n=1}^{\infty} \frac{1}{\sqrt{n(n+1)}}$
　　　　　　　　(b)　$\displaystyle\sum_{n=1}^{\infty} \frac{(n-1)^n}{n^{n+1}}$

(c)　$\displaystyle\sum_{n=1}^{\infty} \frac{1}{n+1} \ln\left(1 + \frac{1}{n}\right)$
　　　　(d)　$\displaystyle\sum_{n=1}^{\infty} \frac{3 \cdot 5 \cdot 7 \cdots (2n+1)}{4 \cdot 7 \cdot 10 \cdots (3n+1)}$

(e)　$\displaystyle\sum_{n=1}^{\infty} \frac{1}{\{\ln(1+n)\}^n}$
　　　　　(f)　$\displaystyle\sum_{n=1}^{\infty} \frac{(-1)^{n-1}}{\sqrt{n}}$

(g)　$\displaystyle\sum_{n=1}^{\infty} (-1)^{n-1} \frac{n^2}{n^2+1}$

[3]　関数級数 $\displaystyle\sum_{n=1}^{\infty} \frac{1}{x^2 + n^2}$ はすべての x について一様収束することを示せ.

[4]　3-4節で与えたマクローリン級数(3.58),(3.60),(3.61)について，それぞれ収束半径が $1, \infty, \infty$ となることを確かめよ. また，次のべき級数の収束半径を求めよ.

(a)　$\displaystyle\sum_{n=0}^{\infty} \frac{(n!)^2}{(2n)!} x^n$
　　　(b)　$\displaystyle\sum_{n=0}^{\infty} \frac{(n+1)^n}{n!} x^n$

[5]　(a)　$\dfrac{1}{\sqrt{1-x^2}}$ のべき級数展開を求めよ. また収束半径はいくらか.

(b)　(a)の結果を利用して，$\sin^{-1} x$ のべき級数展開を求めよ.

[6]　べき級数展開を利用して次の極限値を求めよ.

(a)　$\displaystyle\lim_{x \to 0} \frac{1 - \cos x}{2x \sin x}$
　　　　(b)　$\displaystyle\lim_{x \to 1} (1-x) \tan \frac{\pi}{2} x$

[7]　$\mathrm{Si}(x) = \displaystyle\int_0^x \frac{\sin t}{t} dt$ で定義される関数を**積分正弦関数**という. この関数のべき級数による表現を与え，級数の収束半径を求めよ.

さらに勉強するために

本書では数理科学の基礎をなす解析学のうち，とくに微分積分について，基本的で重要な事柄を学習してきた．しかし，解析学の内容は多岐にわたっており，割愛しなければならなかったものもある．また頁数の関係で数学的厳密さをあいまいにした部分もある．解析学をさらに深く学ぼうという読者には以下の本をすすめたい．

[1] 高木貞治：『解析概論』［改訂第3版］（岩波書店，1961）
日本における解析学の本のバイブルといえるものである．初版が出たのは60年以上も前であるが，内容は決して古くない．その後日本で出版された数多くの解析学の本の原型をなしている．ていねいな語り口が特徴である．

[2] 杉浦光夫：『解析入門 I・II』（東京大学出版会，1980）
解析学の極めつけといってよい本である．解析学を将来やろうとする人に対する入門書として適している．

[3] 杉浦光夫・清水英男・金子晃・岡本和夫：『解析演習』（東京大学出版会，1989）
[2]と関連した演習書で，伝統的な問題から現代数学で重要な問題まで多くの例題，問題が収められており，微分積分の実力をつけるのに役立つ本である．

[4] 小平邦彦：『解析入門』（岩波書店，1991）
「数学を理解するためにはその数学的現象の感覚的なイメージを明確に把握することが大切である」という立場からていねいに記述されている．とくに面積に対するこだわりが印象的である．

[5] E. ハイラー・G. ワナー（蟹江幸博訳）：『解析教程』（シュプリンガー・フェアラーク東京，1997）
解析学は300年以上の長い歴史をもっている．発展の歴史をたどりながら勉強したい読者にすすめたい本である．

将来数学を専門としない読者にとって，数学のもつ役割「科学を語る言葉」が重要となる．そうした立場から応用を意識した本を紹介しておこう．

[6]　スミルノフ（彌永昌吉・福原満州雄・河田敬義・三村征雄・菅原正夫・吉田耕作翻訳監修）:『高等数学教程』（共立出版，1958）

訳書で12巻ある総合的な本であるが，3巻までが初歩解析学の内容を含んでいる．物理学科の学生を対象とした講義の内容をまとめたもので，とくに物理的な応用例が豊富である．

[7]　寺沢寛一:『自然科学者のための数学概論』［増訂版］（岩波書店，1983）

[1]の『解析概論』より前に初版がでた本であるが，内容は決して古くない．応用を意識して微分方程式や特殊関数にかなりの頁が割かれている．

[8]　一松信:『解析学序説』［新版］（裳華房，1981）

前2つと比較して積極的に応用を意識しているわけではないが，スタイルが数学を利用する人の立場に立っている本である．

[9]　マイベルク・ファヘンアウア（高見頴郎・薩摩順吉・及川正行共訳）:『工科系の数学』（サイエンス社，1996）

電気と機械の学生に対する講義から生まれたもので訳書の1, 2, 4が微分積分に相当している．工学への応用をふんだんに盛り込んでいるにもかかわらず，数学的にもしっかりした内容となっている．

[10]　神谷淳:『パワーアップベクトル解析』（共立出版，1997）

本書の内容に含まれているベクトル解析をさらに勉強したい読者にすすめたい．例題が多く，計算しながら学べる本である．

演習問題解答

第1章

[1] 有理数であると仮定すると，互いに素な正の整数 m, n で $\sqrt{2}=m/n$，すなわち $m^2=2n^2$ となるものが存在．この式が成り立つと m は偶数でなければならず，l を正の整数として，$m=2l$ と書ける．このとき，$2l^2=n^2$ であり，今度は n が偶数となり，m, n が互いに素という条件に反する．よって $\sqrt{2}$ は無理数．

[2] $2\times 3^5+1\times 3^4+2\times 3^2+1\times 3+2\times 3^{-2}=588.222\cdots$

[3] $|\boldsymbol{a}|=\sqrt{29}$, $|\boldsymbol{b}|=\sqrt{6}$, $\boldsymbol{a}\cdot\boldsymbol{b}=5$, $\boldsymbol{a}\times\boldsymbol{b}=7\boldsymbol{i}+6\boldsymbol{j}-8\boldsymbol{k}$.

[4] ベクトル積の定義より，$|\boldsymbol{r}_2\times\boldsymbol{r}_3|$ は底面の面積．平行6面体の高さ h は，$\boldsymbol{r}_1$ の底面に垂直なベクトル $\boldsymbol{r}_2\times\boldsymbol{r}_3$ 方向の成分であり，$|\{\boldsymbol{r}_1\cdot(\boldsymbol{r}_2\times\boldsymbol{r}_3)/|\boldsymbol{r}_2\times\boldsymbol{r}_3|^2\}(\boldsymbol{r}_2\times\boldsymbol{r}_3)|=|\boldsymbol{r}_1\cdot(\boldsymbol{r}_2\times\boldsymbol{r}_3)|/|\boldsymbol{r}_2\times\boldsymbol{r}_3|$ と書ける．よって，底面の面積×高さ＝$|\boldsymbol{r}_1\cdot(\boldsymbol{r}_2\times\boldsymbol{r}_3)|$.

[5] $\dfrac{\sqrt{2}}{2}e^{\frac{3}{4}\pi i}$

[6] $a_n=\lambda^n$ として，$\lambda=1\pm\sqrt{2}\,i$. よって一般項は $a_n=c_1(1+\sqrt{2}\,i)^n+c_2(1-\sqrt{2}\,i)^n$. $n=0,1$ の条件より，

$$a_n=\left\{\left(\frac{1}{2}+\frac{\sqrt{2}}{4}i\right)a_0-\frac{\sqrt{2}}{4}ia_1\right\}(1+\sqrt{2}\,i)^n+\left\{\left(\frac{1}{2}-\frac{\sqrt{2}}{4}i\right)a_0+\frac{\sqrt{2}}{4}ia_1\right\}(1-\sqrt{2}\,i)^n$$

[7] $b_n=\dfrac{1}{n}(a_1+a_2+\cdots+a_n)$ として，$b_n-a=\dfrac{1}{n}\{(a_1-a)+(a_2-a)+\cdots+(a_n-a)\}$. 条件より，$\forall\varepsilon>0$, $\exists N$ s.t. $n\geqq N\Rightarrow|a_n-a|<\varepsilon$. いま $|a_1-a|, |a_2-a|,\cdots,|a_n-a|$ のうち最大のものを M とすると，十分大きな $N_0>N$ に対して，$n>N_0$ のとき $\dfrac{(N-1)M}{n}<\varepsilon$ とできる．このような n に対して，

$$|b_n-a|<\frac{1}{n}\{(N-1)M+\varepsilon(n-N+1)\}<\varepsilon+\varepsilon=2\varepsilon$$

よって b_n の極限値は a.

[8] $a_{n+1}-a_n=\dfrac{5}{(2n+3)(2n+1)}>0$ より単調増加．$2-\dfrac{3n-1}{2n+1}=\dfrac{n+1}{2n+1}>0$ より，2 が上界の1つ．命題 1-1 より $\{a_n\}$ は収束し，極限値は 3/2.

[9] $x>1$ のとき，$x>\sqrt[2]{x}>\sqrt[3]{x}>\cdots$ かつ $\sqrt[n]{x}>1$ なので，命題 1-1 より収束．$\lim\limits_{n\to\infty}\sqrt[n]{x}=a$ と書くと数列の基本的性質 (4) より $a\geqq 1$ (ただし $b_n=b=1$ とする)．もし $a>1$ とすると，すべての n について $\sqrt[n]{x}\geqq a$ より $x\geqq a^n$ となり $n\to\infty$ で発散．よって $a=1$. $x<1$ のときは $y=1/x$ として同様の議論をすればよい．

第 2 章

[1]

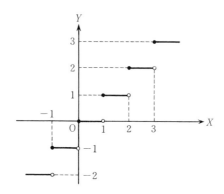

[2] $\cosh(x+y) = \dfrac{1}{2}(e^{x+y}+e^{-x-y})$

$$= \frac{e^x+e^{-x}}{2}\cdot\frac{e^y+e^{-y}}{2}+\frac{e^x-e^{-x}}{2}\cdot\frac{e^y-e^{-y}}{2}=右辺$$

$\sinh(x+y)$, $\tanh(x+y)$ も同様.

[3] $y=\tanh^{-1}x$ として, $x=\tanh y=(e^y-e^{-y})/(e^y+e^{-y})$. これから $e^{2y}=(1+x)/(1-x)$ となり, 両辺対数をとって答を得る.

[4] (a) $-2/3$

(b) $\dfrac{\sqrt{x+1}-1}{x} = \dfrac{x}{x(\sqrt{x+1}+1)} = \dfrac{1}{\sqrt{x+1}+1} \xrightarrow[x\to 0]{} \dfrac{1}{2}$

(c) $\dfrac{1-\cos x}{x^2} = \dfrac{2\sin^2 x/2}{x^2} = \dfrac{1}{2}\left(\dfrac{\sin x/2}{x/2}\right)^2 \xrightarrow[x\to 0]{} \dfrac{1}{2}$

(d) $\dfrac{\ln(1+x)}{x} = \ln(1+x)^{\frac{1}{x}}$. $y=1/x$ として $y\to\infty$ の極限をとればよい. (2.43)より

$\ln\left(1+\dfrac{1}{y}\right)^y \xrightarrow[y\to\infty]{} \ln e = 1$.

(e) $y=e^x-1$ とすると $\dfrac{e^x-1}{x} = \dfrac{y}{\ln(1+y)}$ となり, 前問の結果から $y\to 0$ のとき 1.

[5] $^{\forall}\varepsilon>0$, $^{\exists}\delta>0$ s.t. $x>\delta \Longrightarrow \left|1-\dfrac{2}{x}-1\right| <\varepsilon$ をいう. $2/\delta> |2/x|$ より, $2/\varepsilon<\delta$ と選べばよい.

[6] $f(x)$ は $x=c$ で連続であり, $\varepsilon=f(c)/2$ に対して適当な正の数 δ を選んで,

$$|x-c|<\delta \Longrightarrow |f(x)-f(c)| < \frac{f(c)}{2}$$

とできる. 右辺の不等式より $f(x)>f(c)-\dfrac{f(c)}{2}=\dfrac{f(c)}{2}$ となり, $\dfrac{f(c)}{2}>0$ から $f(x)>$

0 を得る.

第3章

[1] (a) $x \neq 0$ のとき, $f(x)$ は微分可能. $f'(x) = \sin\dfrac{1}{x} - \dfrac{1}{x}\cos\dfrac{1}{x}$. $x = 0$ のとき,

$\dfrac{f(x) - f(0)}{x - 0} = \sin\dfrac{1}{x}$ は $x \to 0$ で極限をもたないので微分可能でない.

(b) $x \neq 0$ のとき, $f(x)$ は微分可能. $f'(x) = 2x\sin\dfrac{1}{x} - \cos\dfrac{1}{x}$. $x = 0$ のとき,

$\dfrac{f(x) - f(0)}{x - 0} = x\sin\dfrac{1}{x} \xrightarrow[x \to 0]{} 0$ だから $f'(0) = 0$.

[2] (a) $2(3x+2)(12x^2+4x+3)$ (b) $\dfrac{x(x+2)}{(x+1)^2}$ (c) $\dfrac{x}{\sqrt{x^2-1}}$

(d) $2\operatorname{cosec}2x$ (e) $\dfrac{1}{\sqrt{x^2-1}}$ (f) $x^x(\ln x + 1)$ (g) $\dfrac{1}{x^2+1}$

(h) $\sqrt{1-x^2}$

[3] (a) $f(x) = \dfrac{1}{x^2-4x+3} = \dfrac{1}{2}\left(\dfrac{1}{1-x} - \dfrac{1}{3-x}\right)$ より,

$$f^{(n)}(x) = \dfrac{n!}{2}\left\{\dfrac{1}{(1-x)^{n+1}} - \dfrac{1}{(3-x)^{n+1}}\right\}$$

(b) $f(x) = e^x\sin x$ より $f'(x) = e^x(\sin x + \cos x) = \sqrt{2}\,e^x\sin\left(x + \dfrac{\pi}{4}\right)$, $f''(x) = (\sqrt{2})^2$

$\times e^x\sin\left(x + \dfrac{2\pi}{4}\right)$, 以下帰納法により $f^{(n)}(x) = 2^{n/2}e^x\sin\left(x + \dfrac{n\pi}{4}\right)$.

[4] (a) 極値は $x = 3$ のとき -27(極小). 変曲点は $x = 0$ と 2. 図は略.

(b) 極値は $x = 1$ のとき e^{-1}(極大). 変曲点は $x = 2$. なお $x \to -\infty$ で $xe^{-x} \to -\infty$,

$x \to \infty$ で $xe^{-x} \to 0$. 図は略.

[5] $f'(a + \theta\varDelta x)$ に平均値の定理を用いて,

$$f(a + \varDelta x) = f(a) + \varDelta x\{f'(a) + \theta\varDelta x f''(a + \theta_1\varDelta x)\} \qquad (0 < \theta_1 < 1)$$

一方, テイラー展開の式(3.53)より,

$$f(a + \varDelta x) = f(a) + \varDelta x f'(a) + \dfrac{1}{2}(\varDelta x)^2 f''(a + \theta_2\varDelta x) \qquad (0 < \theta_2 < 1)$$

よって $\theta = \dfrac{1}{2}\dfrac{f''(a + \theta_2\varDelta x)}{f''(a + \theta_1\varDelta x)} \xrightarrow[\varDelta x \to 0]{} \dfrac{1}{2}$.

[6] (a) $\tan^{-1}x = x - \dfrac{1}{3}x^3 + o(x^4)$ または $x - \dfrac{1}{3}x^3 + O(x^5)$

(b) $\operatorname{sech}^2 x = 1 - x^2 - \dfrac{2}{3}x^4 + o(x^5)$ または $1 - x^2 - \dfrac{2}{3}x^4 + O(x^6)$

[7] $f(x) = e^{-x}(c_1\cos\sqrt{2}\,x + c_2\sin\sqrt{2}\,x)$ (c_1, c_2 は定数)

第 4 章

[1] (a) $\dfrac{1}{4}x^4+x^2$　　(b) $\dfrac{2}{25}(5x+2)^{\frac{5}{2}}$　　(c) $\dfrac{1}{12}\sin 3x+\dfrac{3}{4}\sin x$

(d) $\tan\dfrac{x}{2}=t$ とおけばよい．与式 $=\displaystyle\int\dfrac{2}{(1+t)^2}dt=\dfrac{-2}{1+t}=\dfrac{-2}{1+\tan(x/2)}$

(e) $\ln|x|=t$ とおけばよい．与式 $=\displaystyle\int t^2dt=\dfrac{1}{3}t^3=\dfrac{1}{3}(\ln|x|)^3$

(f) 部分積分．$\left(\dfrac{1}{2}x^3-\dfrac{3}{4}x^2+\dfrac{3}{4}x-\dfrac{3}{8}\right)e^{2x}$

(g) $x=\sin t$ とおけばよい．与式 $=\displaystyle\int\cos^2 t\,dt=\dfrac{1}{4}\sin 2t+\dfrac{t}{2}=\dfrac{1}{2}(x\sqrt{1-x^2}+\sin^{-1}x)$

(h) $\sqrt{e^x-1}=t$ とおけばよい．与式 $=\displaystyle\int\dfrac{2t^2}{1+t^2}dt=2(t-\tan^{-1}t)=2\sqrt{e^x-1}$

$-2\tan^{-1}\sqrt{e^x-1}$

[2] (a) $-\dfrac{8}{5}$　　(b) $\dfrac{79}{6}$　　(c) 不定積分は $\tan x-x$．$\therefore$　$\sqrt{3}-\dfrac{\pi}{3}$

(d) $e^x=t$ とおけばよい．与式 $=\displaystyle\int_0^\infty\dfrac{4t}{(1+t^2)^2}dt=\left[\dfrac{-2}{1+t^2}\right]_1^\infty=1$

(e) $\sqrt{\dfrac{1-x}{1+x}}=\tan t$ とおけばよい．与式 $=4\displaystyle\int_0^{\frac{\pi}{2}}\sin^2 t\,dt=2\left[t-\dfrac{1}{2}\sin 2t\right]_0^{\frac{\pi}{2}}=\pi$

(f) $a>-1$ のとき，与式 $=\left[\dfrac{x^{a+1}}{a+1}\ln|x|\right]_0^1-\displaystyle\int_0^1\dfrac{x^a}{a+1}dx=\left[-\dfrac{x^{a+1}}{(a+1)^2}\right]_0^1=-\dfrac{1}{(1+a)^2}$.

$a\leqq-1$ のとき，積分は存在しない．

[3] (a) $p\geqq1,q\geqq1$ のときはふつうの積分である．$0<p<1$ のとき，

$$|x^{p-1}(1-x)^{q-1}|\leqq\dfrac{1}{|x|^{1-p}}\qquad(1-p<1)$$

だから (4.43) の条件を満たす．$0<q<1$ のとき $|x^{p-1}(1-x)^{q-1}|\leqq\dfrac{1}{|x-1|^{1-q}}$, $1-q<1$ だから，やはり (4.43) の条件を満たす．よって $p,q>0$ のとき積分は存在．

(b) 部分積分により，

$$B(p,q)=\dfrac{q-1}{p}B(p+1,q-1)=\cdots=\dfrac{q-1}{p}\dfrac{q-2}{p+1}\cdots\dfrac{1}{p+q-2}B(p+q-1,1).$$

$B(p+q-1,1)=\displaystyle\int_0^1 x^{p+q-2}dx=\dfrac{1}{p+q-1}$ より $B(p,q)=\dfrac{(p-1)!(q-1)!}{(p+q-1)!}$.

[4] $\displaystyle\int\dfrac{dy}{(y+4)(y-2)}=\int x^2dx+C$ より $\ln\left|\dfrac{y-2}{y+4}\right|=2x^3+6C$ もしくは $\dfrac{y-2}{y+4}=C'e^{2x^3}$.

初期条件を代入して $C'=-\dfrac{1}{2}$.　$\therefore$　$y=\dfrac{4(1-e^{2x^3})}{2+e^{2x^3}}$

[5] 面積 $=\displaystyle\int_0^1(1-2\sqrt{x}+x)dx=\dfrac{1}{6}$. 体積 $=\displaystyle\int_0^1\pi(1-2\sqrt{x}+x)^2dx=\dfrac{1}{15}\pi$.

第 5 章

[1]　(a)　$\partial z/\partial x = 2x - y^2, \partial z/\partial y = -2xy + 3y^2, \partial^2 z/\partial x^2 = 2, \partial^2 z/\partial x \partial y = -2y, \partial^2 z/\partial y^2 = -2x + 6y, dz = (2x - y^2)dx + (-2xy + 3y^2)dy$

　(b)　$\dfrac{\partial z}{\partial x} = \dfrac{1}{\sqrt{y^2 - x^2}}, \dfrac{\partial z}{\partial y} = -\dfrac{x}{y\sqrt{y^2 - x^2}}, \dfrac{\partial^2 z}{\partial x^2} = \dfrac{x}{(y^2 - x^2)^{3/2}}, \dfrac{\partial^2 z}{\partial x \partial y} = \dfrac{-y}{(y^2 - x^2)^{3/2}},$

$\dfrac{\partial^2 z}{\partial y^2} = \dfrac{x(2y^2 - x^2)}{y^2(y^2 - x^2)^{3/2}}, dz = \dfrac{1}{\sqrt{y^2 - x^2}}dx - \dfrac{x}{y\sqrt{y^2 - x^2}}dy$

[2]　$df = \dfrac{\partial f}{\partial x}dx + \dfrac{\partial f}{\partial y}dy + \dfrac{\partial f}{\partial z}dz$ に(5.27)〜(5.29)を代入し，$dg = \dfrac{\partial g}{\partial r}dr + \dfrac{\partial g}{\partial \theta}d\theta + \dfrac{\partial g}{\partial \varphi}d\varphi$ と比較すればよい．

[3]　(a)　$f_x = y(3x^2 + y^2 - 1), f_y = x(x^2 + 3y^2 - 1), f_{xx} = f_{yy} = 6xy, f_{xy} = 3x^2 + 3y^2 - 1$. $f_x = f_y = 0$ となるのは $(x, y) = (0, 0), (0, \pm 1), (\pm 1, 0), (1/2, 1/2), (-1/2, -1/2), (1/2, -1/2), (-1/2, 1/2)$. $f_{xy}^2 - f_{xx}f_{yy} = \{3(x + y)^2 - 1\}\{3(x - y)^2 - 1\}$ が負となるのはこのうち後の 4 個．$(1/2, 1/2), (-1/2, -1/2)$ は $f_{xx} > 0$ となるので極小点 $(f = -1/8)$. $(1/2, -1/2), (-1/2, 1/2)$ は $f_{xx} < 0$ となるので極大点 $(f = -1/8)$.

　(b)　極値をとる点を (a, b) とすると，$3a^2 - 2\lambda a = 0, 3b^2 - 2\lambda b = 0$ が条件．よって $(a, b) = (0, 0), (0, 2\lambda/3), (2\lambda/3, 0), (2\lambda/3, 2\lambda/3)$. この中で $f = 0$ を満たすのは，$(0, \pm 1), (\pm 1, 0), (\sqrt{2}/2, \sqrt{2}/2), (-\sqrt{2}/2, -\sqrt{2}/2)$. これらが極値をとる点の候補であり，そのときの g の値は順に $\pm 1, \pm 1, \sqrt{2}/2, -\sqrt{2}/2$. 5-2 節例 4 同様 $x = \sin\theta, y = \cos\theta$ としてたしかめると，これらは実際に極値をとる点であることがわかる．

[4]　$\dfrac{dy}{dx} = \dfrac{x^2 - y}{x - y^2}, \dfrac{d^2 y}{dx^2} = \dfrac{2xy(x^3 - 3xy + y^3 + 1)}{(x - y^2)^3}$

[5]　(a)　$\text{grad} f = \dfrac{1}{x}\boldsymbol{i} + \dfrac{1}{y}\boldsymbol{j} + \dfrac{1}{z}\boldsymbol{k}, \Delta f = -\dfrac{1}{x^2} - \dfrac{1}{y^2} - \dfrac{1}{z^2}$

　(b)　$\text{div}\,\boldsymbol{v} = e^z + e^x - 1, \quad \text{rot}\,\boldsymbol{v} = xe^z\boldsymbol{j} + ye^x\boldsymbol{k}$

[6]　それぞれベクトル $\boldsymbol{a}, \boldsymbol{b}$，ナブラベクトル ∇ を成分で表して計算すればよい．

[7]　$\dfrac{\partial u}{\partial t} = \left(-\dfrac{1}{4\sqrt{\pi t^3}} + \dfrac{x^2}{8\sqrt{\pi t^5}}\right)e^{-\frac{x^2}{4t}} = \dfrac{\partial^2 u}{\partial x^2}$ となる．

第 6 章

[1]　(a)　$\displaystyle\int_0^{1/4} dy \left\{\int_{(1 - \sqrt{1 - 4y})/2}^{(1 + \sqrt{1 - 4y})/2} f(x, y)dx\right\}$

　(b)　$\displaystyle\int_0^1 dy \left\{\int_{-\sqrt{y}}^{\sqrt{y}} f(x, y)dx\right\} + \int_1^4 dy \left\{\int_{y-2}^{\sqrt{y}} f(x, y)dx\right\}$

[2]　(a)　$\displaystyle\int_0^1 dx \left\{\int_0^1 (x + y)^2 dy\right\} = \dfrac{1}{3}\int_0^1 \{(x + 1)^3 - x^3\}dx = \dfrac{7}{6}$

(b) $x=r\cos\theta$, $y=r\sin\theta$ と変数変換して,

$$\int_0^{2\pi}d\theta\left\{\int_0^1(2\cos^2\theta+3\sin^2\theta)r^3dr\right\}=\int_0^{2\pi}\frac{1}{4}(2\cos^2\theta+3\sin^2\theta)d\theta=\frac{5}{4}\pi.$$

(c) $\displaystyle\int_0^1dx\int_0^{1-x}dy\int_0^{1-x-y}\frac{1}{(x+y+z+1)^3}dz=\int_0^1dx\int_0^{1-x}dy\left\{-\frac{1}{8}+\frac{1}{2(x+y+1)^2}\right\}$

$\displaystyle=\int_0^1dx\left\{-\frac{1}{8}(1-x)-\frac{1}{4}+\frac{1}{2(x+1)}\right\}=\frac{1}{2}\ln 2-\frac{5}{16}$

(d) $\displaystyle\iint_{1-x^2-y^2\geqq 0}(2x^2-y^2)dxdy\int_0^{1-x^2-y^2}zdz=\frac{1}{2}\iint_{1\geqq x^2+y^2}(2x^2-y^2)(1-x^2-y^2)^2dxdy$

$\displaystyle\mathop{=}_{\substack{x=r\cos\theta\\y=r\sin\theta}}\frac{1}{2}\int_0^1 r^3(1-r^2)^2dr\int_0^{2\pi}(2\cos^2\theta-\sin^2\theta)d\theta=\frac{1}{48}\pi$

[3] (a) $I=\displaystyle\iiint_D\rho(y^2+z^2)dxdydz$, $D:x^2+y^2+z^2\leqq a^2$. 球座標を用いて,

$$I=\rho\int_0^{2\pi}d\varphi\int_0^{\pi}\sin^3\theta\,d\theta\int_0^a r^4dr=\frac{8}{15}\pi\rho a^5.$$

(b) 同様に円柱座標を用いて, $I=\rho\displaystyle\int_0^{2\pi}d\theta\int_0^a r^3dr\int_0^h dz=\frac{1}{2}\pi\rho a^4 h$.

[4] $x=a\cos^3 t$, $y=a\sin^3 t$ とする. 全長$=\displaystyle\int_0^{2\pi}\sqrt{\left(\frac{dx}{dt}\right)^2+\left(\frac{dy}{dt}\right)^2}\,dt$

$\displaystyle=4\int_0^{\pi/2}\sqrt{(3a\cos^2 t\sin t)^2+(3a\sin^2 t\cos t)^2}\,dt=12a\int_0^{\pi/2}\cos t\sin t\,dt=6a.$

[5] X 軸上の径路を C_1, 半円周上の径路を C_2 とする.

(a) $\displaystyle\int_{C_1}(x^3+y^3)ds=\int_{-1}^1 x^3dx=0$, $\displaystyle\int_{C_2}(x^3+y^3)ds=\int_0^{\pi}(\cos^3 t+\sin^3 t)dt=\frac{4}{3}$

答 $0+\dfrac{4}{3}=\dfrac{4}{3}$.

(b) C_1 上 : $\boldsymbol{v}\cdot\boldsymbol{n}=(x^2\boldsymbol{i}+y^2\boldsymbol{j})\cdot(-\boldsymbol{j})=-y^2$. $\therefore\displaystyle\int_{C_1}\boldsymbol{v}\cdot\boldsymbol{n}ds=0$.

C_2 上 : $\boldsymbol{v}\cdot\boldsymbol{n}=(x^2\boldsymbol{i}+y^2\boldsymbol{j})\cdot\left(\dfrac{x}{\sqrt{x^2+y^2}}\boldsymbol{i}+\dfrac{y}{\sqrt{x^2+y^2}}\boldsymbol{j}\right)=\dfrac{x^3+y^3}{\sqrt{x^2+y^2}}$.

$\therefore\displaystyle\int_{C_2}\boldsymbol{v}\cdot\boldsymbol{n}ds=\int_0^{\pi}(\cos^3 t+\sin^3 t)dt=\frac{4}{3}$. 答 $0+\dfrac{4}{3}=\dfrac{4}{3}$.

(c) C_1 上 : $\boldsymbol{v}\cdot\boldsymbol{t}=(x^2\boldsymbol{i}+y^2\boldsymbol{j})\cdot\boldsymbol{i}=x^2$. $\therefore\displaystyle\int_{C_1}\boldsymbol{v}\cdot\boldsymbol{n}ds=\int_{-1}^1 x^2dx=\frac{2}{3}$.

C_2 上 : $\boldsymbol{v}\cdot\boldsymbol{t}=(x^2\boldsymbol{i}+y^2\boldsymbol{j})\cdot\left(\dfrac{y}{\sqrt{x^2+y^2}}\boldsymbol{i}-\dfrac{x}{\sqrt{x^2+y^2}}\boldsymbol{j}\right)=\dfrac{x^2y-xy^2}{\sqrt{x^2+y^2}}$.

$\therefore\displaystyle\int_{C_2}\boldsymbol{v}\cdot\boldsymbol{t}ds=\int_0^{\pi}(\cos^2 t\sin t-\cos t\sin^2 t)dt=\frac{2}{3}$. 答 $\dfrac{2}{3}+\dfrac{2}{3}=\dfrac{4}{3}$.

[6] x,y をパラメータとして平面を表すと, (6.37)は $\xi=x$, $\eta=y$, $\zeta=\dfrac{1}{3}(6-x-2y)$

となる, ただし $0<x<6$, $0<y<3-\dfrac{1}{2}x$. (6.41)より $J_1=\dfrac{\partial(\eta,\zeta)}{\partial(x,y)}=\dfrac{1}{3}$, $J_2=\dfrac{\partial(\zeta,\xi)}{\partial(x,y)}=$

$\dfrac{2}{3}$, $J_3 = \dfrac{\partial(\xi, \eta)}{\partial(x, y)} = 1$. よって(6.43)より $J = \sqrt{\dfrac{1}{9} + \dfrac{4}{9} + 1} = \dfrac{\sqrt{14}}{3}$. したがって(6.49)を

用いて

$$\int_S xy\,dS = \int_0^6 dx \int_0^{3-x/2} dy\, xy \cdot \dfrac{\sqrt{14}}{3} = \dfrac{\sqrt{14}}{3} \int_0^6 \dfrac{x}{2}\left(3 - \dfrac{1}{2}x\right)^2 dx = \dfrac{9\sqrt{14}}{2}$$

[7] グリーンの定理より，与式 $= \displaystyle\iint_{\substack{0 \le x \le 1 \\ 0 \le y \le 1}} \left\{ \dfrac{\partial}{\partial x}(2x^2y^2) - \dfrac{\partial}{\partial y}(x^4 + y^4) \right\} dxdy$

$$= \iint_{\substack{0 \le x \le 1 \\ 0 \le y \le 1}} (4xy^2 - 4y^3)\,dxdy = 4\int_0^1 x\,dx \int_0^1 y^2\,dy - 4\int_0^1 dx \int_0^1 y^3\,dy = \dfrac{2}{3} - 1 = -\dfrac{1}{3}.$$

第7章

[1] $\dfrac{1}{n^3} < \dfrac{1}{(n-2)(n-1)n} = \dfrac{1}{2}\left\{ \dfrac{1}{(n-2)(n-1)} - \dfrac{1}{(n-1)n} \right\}$ を用い，7-1節例1
と同様の議論をすればよい．

[2] (a) $\displaystyle\sum_{n=1}^{\infty} \dfrac{1}{n}$ と比較． $\dfrac{1/\sqrt{n(n+1)}}{1/n} = \dfrac{n}{\sqrt{n(n+1)}} \xrightarrow[n\to\infty]{} 1$ より，発散．

(b) $\displaystyle\sum_{n=1}^{\infty} \dfrac{1}{n}$ と比較． $\dfrac{(n-1)^n/n^{n+1}}{1/n} = \left(1 - \dfrac{1}{n}\right)^n \xrightarrow[n\to\infty]{} e^{-1}$ より，発散．

(c) $\displaystyle\sum_{n=1}^{\infty} \dfrac{1}{n^2}$ と比較． $\dfrac{\ln(1+1/n)/(1+n)}{1/n^2} = \dfrac{n}{n+1}\ln\left(1 + \dfrac{1}{n}\right)^n \xrightarrow[n\to\infty]{} 1$ より，収束．

(d) $\dfrac{a_{n+1}}{a_n} = \dfrac{2n+3}{3n+4} \xrightarrow[n\to\infty]{} \dfrac{2}{3} < 1$ より，収束．

(e) $\sqrt[n]{a_n} = 1/\ln(1+n) \xrightarrow[n\to\infty]{} 0 < 1$ より，収束．

(f) 命題7-13の条件を満たし，収束．

(g) $\displaystyle\lim_{n\to\infty} a_n = 0$ でないので，発散．

[3] $f_n(x) = 1/(x^2 + n^2)$ とすると，すべての x に対して $|f_n(x)| \le 1/n^2$. $\displaystyle\sum_{n=1}^{\infty} 1/n^2$ は
収束するので，命題7-18により $\displaystyle\sum_{n=1}^{\infty} f_n(x)$ は一様収束．

[4] $(3.58): R = \displaystyle\lim_{n\to\infty} \left| \dfrac{n+1}{\alpha - n} \right| = 1$, $(3.60): R^2 = \displaystyle\lim_{n\to\infty} (2n+1)(2n+2) = \infty$,

$(3.61): R^2 = \displaystyle\lim_{n\to\infty} 2n(2n+1) = \infty$.

(a) $R = \displaystyle\lim_{n\to\infty} \dfrac{(2n+1)(2n+2)}{(n+1)^2} = 4$

(b) $R = \displaystyle\lim_{n\to\infty} \dfrac{(n+1)^{n+1}}{(n+2)^{n+1}} = \lim_{n\to\infty}\left(1 + \dfrac{1}{n+1}\right)^{-n-1} = e^{-1}$

[5] (a) (3.58)で $x \to -x^2$, $\alpha = -1/2$ として，

$$\frac{1}{\sqrt{1-x^2}}=1+\frac{1}{2}x^2+\frac{3}{8}x^4+\cdots+\frac{1\cdot3\cdot5\cdots(2n-1)}{2^n n!}x^{2n}+\cdots$$

$$R=\lim_{n\to\infty}\frac{2(n+1)}{2n+1}=1$$

(b)　$d(\sin^{-1}x)/dx=1/\sqrt{1-x^2}$ より，(a)の結果を項別に積分して，

$$\sin^{-1}x=\sum_{n=0}^{\infty}\frac{1\cdot3\cdot5\cdots(2n-1)}{2^n n!}\frac{x^{2n-1}}{2n+1}$$

[6]　(a)　$\dfrac{1-\cos x}{2x\sin x}=\dfrac{1-(1-x^2/2+\cdots)}{2x(x-x^3/6+\cdots)}=\dfrac{x^2/2-\cdots}{2x^2-\cdots}\xrightarrow[x\to\infty]{}\dfrac{1}{4}$

(b)　$t=1-x$ とすると，与式$=\displaystyle\lim_{t\to0}\dfrac{t}{\tan\dfrac{\pi}{2}t}=\lim_{t\to0}\dfrac{t}{\dfrac{\pi}{2}t+\dfrac{\pi^3}{24}t^3+\cdots}=\dfrac{2}{\pi}$.

[7]　$\mathrm{Si}(x)=\displaystyle\int_0^x\sum_{n=0}^{\infty}\frac{(-1)^n}{(2n+1)!}t^{2n}dt=\sum_{n=0}^{\infty}\frac{(-1)^n}{(2n+1)!}\int_0^x t^{2n}dt$

$$=\sum_{n=0}^{\infty}\frac{(-1)^n}{(2n+1)!}\frac{x^{2n+1}}{2n+1}$$

$$R^2\cong\lim_{n\to\infty}\frac{(2n+2)(2n+3)^2}{2n+1}=\infty$$

索　引

数字・アルファベット

1 価関数　29
1 次関数　28
2 項定理　20
2 次関数　28
2 重積分　146
2 重連結領域　180
3 角不等式　6
10 進小数表示　4
ε-δ 法　22, 44
C^n 級　61
n 階導関数　59
n 重連結領域　180
p 進小数表示　4

ア　行

アルキメデスの原理　184
鞍点　125
1 次関数　28
位置ベクトル　8
一様収束　201, 203, 205
一様連続　191
1 価関数　29
一般解　80
ε-δ 法　22, 44
陰関数　30
n 階導関数　59
n 重連結領域　180
円柱座標　118
オイラーの公式　35, 77

カ　行

開区間　5
回転　136
ガウスの記号　49

ガウスの定理　176
下界　19
拡散方程式　138
各点収束　200
下限　183
関数　27
　——の凹凸　66
　——の増減　65
　——の極値　65
関数級数　205
関数列　200
ガンマ関数　42, 101, 155
奇関数　31
逆関数　29
逆三角関数　40
球座標　117
級数　19, 193
級数に関するコーシーの定理　194
境界条件　139
共役複素数　14
極　15
極形式　15
極座標　14, 116
極小　63, 123
曲線座標　118
曲線の長さ　160
曲線要素　164
極大　62, 123
曲面要素　166
虚軸　14
虚数単位　13
偶関数　31
区間縮小法　185
グリーンの定理（平面における）　179
原始関数　91
懸垂線　36

高階導関数　59
広義積分　98
合成関数　47
交代級数　199
勾配　130
誤差関数　211
コーシーの定理　188
　　級数に関する──　194
コーシーの判定法　198
コーシーの平均値の定理　68
コーシー列　187

サ 行

サイクロイド　163
最小　20
最大　20
最大値・最小値の定理　47, 190
座標　6
座標軸　6
差分方程式　17
三角関数　38
3角不等式　6
C^n級　61
指数関数　33
自然数　1
自然対数　37
　　──の底　21
実軸　14
実数　4
周期関数　38
収束(数列の)　18
収束(級数の)　19, 193
収束(関数の)　42
収束半径　207
従属変数　27
主値　15, 41
10進小数表示　4
シュワルツの不等式　89
循環小数　4
上界　19
上限　183
上限(積分の)　85
条件収束級数　199

条件つき極値問題　126
常用対数　37
初期条件　79, 102
数直線　3
数ベクトル　9
数列　15
スカラー　7
スカラー3重積　12
スカラー積　9
スカラー場　130
ストークスの定理　178
整級数　206
正弦関数　38
正項級数　194
整数　2
正接関数　40
積分順序の変更　151
積分正弦関数　214
積分定数　91
積分に関する平均値の定理　89
積分変数の変換　153
接線の傾き　53
接線ベクトル　170
絶対収束級数　199
絶対値　6
漸化式　17
漸近線　32
線形結合　17
線形性　17, 56, 88, 148
線形方程式　17
線積分　164
線積分(ベクトル場の)　170
全微分　114
線要素ベクトル　171
双曲型方程式　143
双曲線　32
双曲線関数　35
外向き法線　173

タ 行

対数関数　37
代数関数　32
体積要素　153

楕円型方程式　141
多価関数　29
多項式　31
多重積分　152
ダランベールの解　143
ダランベールの判定法　197
単位円　32
単位ベクトル　9
単調減少　20,30
単調増加　20,29
単連結領域　180
値域　27
置換積分　94
中間値の定理　47,189
稠密性　5
超越関数　33
超関数　140
調和関数　141
調和数列　16
調和方程式　141
直角直線座標系　7
定義域　27
定積分　83
テイラー級数　77
テイラー展開　75,122
ディラックのデルタ関数　140
ディリクレ関数　88
導関数　54
動径　15
等差数列　16
等比数列　16
独立変数　27

ナ　行

ナブラベクトル　131
2項定理　20
2次関数　28
2重積分　146
2重連結領域　180
ニュートンの方法　70
ねずみ算の式　78
ネピア数　21

ハ　行

はさみうちの原理　25
発散(数列の)　18
発散(級数の)　19
発散(ベクトルの)　133
波動方程式　142
p 進小数表示　4
微積分学の基本定理　95
被積分関数　91
微分　114
微分演算子　60
微分可能　52
微分係数　52
微分作用素　60
微分方程式　78
複素数　13
複素平面　14
符号関数　43
不定積分　91
部分積分　93
部分和　19
部分列　186
フーリエ級数　206
平均値の定理　63
　　コーシーの――　68
　　積分に関する――　89
平均変化率　52
閉区間　5
平面におけるグリーンの定理　179
ベータ関数　107
べき級数　206
ベクトル　7
ベクトル積　11
ベクトル場　130
偏角　15
変曲点　67
変数　27
変数分離型　103
偏導関数　112
偏微分　111
偏微分可能　112
偏微分方程式　137

方向余弦　112
法線ベクトル　171
放物型方程式　140
放物線　29
ボルツァノ-ワイエルシュトラスの定理
　186

マ 行

マクローリン級数　76
マクローリン展開　73, 122
右手系　11
無理関数　32
無理数　4
メビウスの帯　174
面積分　165
面積分(ベクトル場の)　172
面積要素　146
面要素ベクトル　173

ヤ 行

ヤコビアン　157
ヤコビ行列式　157
有界　19
有限小数　4

有理関数　31
有理数　2
陽関数　30
余弦関数　38

ラ 行

ライプニッツの公式　60
ラグランジュの剰余項　73
ラグランジュの未定乗数法　127
ラプラシアン　136
ラプラス作用素　136
ラプラス方程式　141
ランダウの記号　75
ランダムウォーク　137
リーマン積分可能　85
リーマン和　84
累次積分　149
連続　46
連続微分可能　61
ロピタルの公式　67

ワ 行

ワイエルシュトラスの優級数判定法
　205

薩摩順吉

1946年奈良県大和郡山に生まれる. 1968年京都大学工学部数理
工学科卒業. 1973年京都大学大学院工学研究科博士課程単位修
得退学. 京都大学工学部数理工学科助手, 宮崎医科大学医学部一
般教育助教授, 東京大学工学部物理工学科助教授, 同大学院数理
科学研究科教授, 青山学院大学理工学部物理・数理学科教授, 武
蔵野大学工学部数理工学科教授を歴任. 現在, 東京大学名誉教授,
武蔵野大学名誉教授. 工学博士.
専攻, 応用数理および数理物理学. 特に非線形離散問題.
主な著訳書:『確率・統計』(理工系の数学入門コース),『物理の数
学』(岩波基礎物理シリーズ),『キーポイント 線形代数』(理工系数
学のキーポイント)(以上, 岩波書店), アイベルク, ファヘンアウ
ア『工科系の数学3 線形代数』(サイエンス社), アブロビッツ,
シーガー『ソリトンと逆散乱変換』(共訳, 日本評論社)など.

理工系の基礎数学 新装版
微分積分

	2001年 2月27日　第 1 刷発行
	2017年 5月15日　第 11 刷発行
	2022年 11月 9 日　新装版第 1 刷発行

著　者　　薩摩順吉
　　　　　さつまじゅんきち

発行者　　坂本政謙

発行所　　株式会社 岩波書店
　　　　　〒101-8002 東京都千代田区一ツ橋2-5-5
　　　　　電話案内 03-5210-4000
　　　　　https://www.iwanami.co.jp/

印刷製本・法令印刷

ISBN978-4-00-029913-8　　Printed in Japan

吉川圭二・和達三樹・薩摩順吉 編

理工系の基礎数学[新装版]

A5 判並製（全 10 冊）

理工系大学 1〜3 年生で必要な数学を，現代的視点から全 10 巻にまとめた．物理を中心とする数理科学の研究・教育経験豊かな著者が，直観的な理解を重視してわかりやすい説明を心がけたので，自力で読み進めることができる．また適切な演習問題と解答により十分な応用力が身につく．「理工系の数学入門コース」より少し上級．

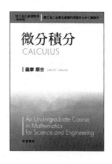

微分積分	薩摩順吉	248 頁	定価 3630 円
線形代数	藤原毅夫	240 頁	定価 3630 円
常微分方程式	稲見武夫	248 頁	定価 3630 円
偏微分方程式	及川正行	272 頁	定価 4070 円
複素関数	松田 哲	224 頁	定価 3630 円
フーリエ解析	福田礼次郎	240 頁	定価 3630 円
確率・統計	柴田文明	240 頁	定価 3630 円
数値計算	髙橋大輔	216 頁	定価 3410 円
群と表現	吉川圭二	264 頁	定価 3850 円
微分・位相幾何	和達三樹	280 頁	定価 4180 円

―― 岩 波 書 店 刊 ――

定価は消費税 10% 込です

2022 年 11 月現在

戸田盛和・広田良吾・和達三樹 編
理工系の数学入門コース
A5 判並製（全 8 冊） [新装版]

学生・教員から長年支持されてきた教科書シリーズの新装版．理工系のどの分野に進む人にとっても必要な数学の基礎をていねいに解説．詳しい解答のついた例題・問題に取り組むことで，計算力・応用力が身につく．

微分積分	和達三樹	270 頁	定価 2970 円
線形代数	戸田盛和 浅野功義	192 頁	定価 2750 円
ベクトル解析	戸田盛和	252 頁	定価 2860 円
常微分方程式	矢嶋信男	244 頁	定価 2970 円
複素関数	表　実	180 頁	定価 2750 円
フーリエ解析	大石進一	234 頁	定価 2860 円
確率・統計	薩摩順吉	236 頁	定価 2750 円
数値計算	川上一郎	218 頁	定価 3080 円

戸田盛和・和達三樹 編
理工系の数学入門コース／演習 [新装版]
A5 判並製（全 5 冊）

微分積分演習	和達三樹 十河　清	292 頁	定価 3850 円
線形代数演習	浅野功義 大関清太	180 頁	定価 3300 円
ベクトル解析演習	戸田盛和 渡辺慎介	194 頁	定価 3080 円
微分方程式演習	和達三樹 矢嶋　徹	238 頁	定価 3520 円
複素関数演習	表　実 迫田誠治	210 頁	定価 3300 円

───── 岩 波 書 店 刊 ─────
定価は消費税 10% 込です
2022 年 11 月現在

長岡洋介・原康夫 編
岩波基礎物理シリーズ[新装版]
A5 判並製（全 10 冊）

理工系の大学 1〜3 年向けの教科書シリーズの新装版．教授経験豊富な一流の執筆者が数式の物理的意味を丁寧に解説し，理解の難所で読者をサポートする．少し進んだ話題も工夫してわかりやすく盛り込み，応用力を養う適切な演習問題と解答も付した．コラムも楽しい．どの専門分野に進む人にとっても「次に役立つ」基礎力が身につく．

力学・解析力学	阿部龍蔵	222 頁	定価 2970 円
連続体の力学	巽　友正	350 頁	定価 4510 円
電磁気学	川村　清	260 頁	定価 3850 円
物質の電磁気学	中山正敏	318 頁	定価 4400 円
量子力学	原　康夫	276 頁	定価 3300 円
物質の量子力学	岡崎　誠	274 頁	定価 3850 円
統計力学	長岡洋介	324 頁	定価 3520 円
非平衡系の統計力学	北原和夫	296 頁	定価 4620 円
相対性理論	佐藤勝彦	244 頁	定価 3410 円
物理の数学	薩摩順吉	300 頁	定価 3850 円

岩 波 書 店 刊
定価は消費税 10% 込です
2022 年 11 月現在

ファインマン，レイトン，サンズ 著
ファインマン物理学 [全5冊]
B5判並製

物理学の素晴しさを伝えることを目的になされたカリフォルニア工科大学1, 2年生向けの物理学入門講義．読者に対する話しかけがあり，リズムと流れがある大変個性的な教科書である．物理学徒必読の名著．

I 力学	坪井忠二 訳	396頁 定価3740円
II 光・熱・波動	富山小太郎 訳	414頁 定価4180円
III 電磁気学	宮島龍興 訳	330頁 定価3740円
IV 電磁波と物性 [増補版]	戸田盛和 訳	380頁 定価4400円
V 量子力学	砂川重信 訳	510頁 定価4730円

ファインマン，レイトン，サンズ 著／河辺哲次 訳
ファインマン物理学問題集 [全2冊]　B5判並製

名著『ファインマン物理学』に完全準拠する初の問題集．ファインマン自身が講義した当時の演習問題を再現し，ほとんどの問題に解答を付した．学習者のために，標準的な問題に限って日本語版独自の「ヒントと略解」を加えた．

| 1 | 主として『ファインマン物理学』のI，II巻に対応して，力学，光・熱・波動を扱う． | 200頁 定価2970円 |
| 2 | 主として『ファインマン物理学』のIII〜V巻に対応して，電磁気学，電磁波と物性，量子力学を扱う． | 156頁 定価2530円 |

──────── 岩波書店刊 ────────
定価は消費税10%込です
2022年11月現在

松坂和夫
数学入門シリーズ（全6巻）

松坂和夫著　菊判並製

高校数学を学んでいれば，このシリーズで大学数学の基礎が体系的に自習できる．わかりやすい解説で定評あるロングセラーの新装版．

1 集合・位相入門　340頁　定価 2860 円
現代数学の言語というべき集合を初歩から

2 線型代数入門　458頁　定価 3850 円
純粋・応用数学の基盤をなす線型代数を初歩から

3 代数系入門　386頁　定価 3740 円
群・環・体・ベクトル空間を初歩から

4 解析入門 上　416頁　定価 3850 円

5 解析入門 中　402頁　本体 3850 円

6 解析入門 下　444頁　定価 3850 円
微積分入門からルベーグ積分まで自習できる

―――――― 岩波書店刊 ――――――
定価は消費税 10% 込です
2022 年 11 月現在

新装版 数学読本（全6巻）

松坂和夫著　菊判並製

中学・高校の全範囲をあつかいながら，大学
数学の入り口まで独習できるように構成．深
く豊かな内容を一貫した流れで解説する．

1　自然数・整数・有理数や無理数・実数など　226頁　定価2310円
　　の諸性質，式の計算，方程式の解き方など
　　を解説．

2　簡単な関数から始め，座標を用いた基本的　238頁　定価2640円
　　図形を調べたあと，指数関数・対数関数・
　　三角関数に入る．

3　ベクトル，複素数を学んでから，空間図　236頁　定価2640円
　　形の性質，2次式で表される図形へと進み，
　　数列に入る．

4　数列，級数の諸性質など中等数学の足がた　280頁　定価2970円
　　めをしたのち，順列と組合せ，確率の初歩，
　　微分法へと進む．

5　前巻にひきつづき微積分法の計算と理論の　292頁　定価2970円
　　初歩を解説するが，学校の教科書には見ら
　　れない豊富な内容をあつかう．

6　行列と1次変換など，線形代数の初歩を　228頁　定価2530円
　　あつかい，さらに数論の初歩，集合・論理
　　などの現代数学の基礎概念へ．

――――――――――――**岩波書店刊**――――――――――――

定価は消費税10%込です
2022年11月現在